2024 年度辽宁省教育厅高校基本科研项目（LJ212414435005、LJ232414435003）
2023 年度辽宁省教育厅科研项目（JYTMS20230059）
辽宁省储能与能源利用技术重点实验室 2024 年项目（CNNK202408、CNNK202416）
2024 年辽宁省自然科学基金区域联合计划项目（2024LNYKJ13）
2024 年营口理工学院校级科研项目（FDL202402、FDL202403）

直线超声电机技术

王笑竹　著

北　京
冶　金　工　业　出　版　社
2025

内 容 提 要

本书从振动理论出发，详细阐述了驻波型直线超声电机的运行机理、结构参数优化设计、驱动与控制技术，深入而完整地总结了作者在直线超声电机结构方面的设计与创新。全书共分 5 章，第 1~2 章为直线超声电机技术的概述和运行机理，第 3~4 章为直线方环形超声电机和 H 形超声电机，第 5 章为结论。

本书可供从事超声电机研究、设计和应用的工程技术人员阅读，也可供高等院校机械工程专业的师生参考。

图书在版编目(CIP)数据

直线超声电机技术 / 王笑竹著. -- 北京 : 冶金工业出版社, 2025. 5. -- ISBN 978-7-5240-0185-0

Ⅰ. TM38

中国国家版本馆 CIP 数据核字第 2025WT9685 号

直线超声电机技术

出版发行 冶金工业出版社　**电　话** (010)64027926
地　址 北京市东城区嵩祝院北巷 39 号　**邮　编** 100009
网　址 www. mip1953. com　**电子信箱** service@ mip1953. com

责任编辑 任咏玉　美术编辑 吕欣童　版式设计 郑小利
责任校对 葛新霞　责任印制 禹　蕊
唐山玺诚印务有限公司印刷
2025 年 5 月第 1 版，2025 年 5 月第 1 次印刷
710mm×1000mm 1/16；8. 25 印张；162 千字；126 页
定价 69. 00 元

投稿电话 (010)64027932 投稿信箱 tougao@ cnmip. com. cn
营销中心电话 (010)64044283
冶金工业出版社天猫旗舰店 yjgycbs. tmall. com
(本书如有印装质量问题，本社营销中心负责退换)

前　言

本书介绍了直线超声电机动力系统的组成，压电振子作为直线超声电机动力系统的核心，它的激励方式和激振模态决定了电机的工作模式。书中较详细的阐述了压电陶瓷的特性、振动模式以及由压电陶瓷片和直梁组成的压电振子；从理论上分析了单一模态和复合模态驻波型直线超声电机的工作原理。在环形行波型直线超声电机的基础上，设计并制作了一种方环形结构的驱动器，该驱动器利用振子的同阶、同频模态实现正、反方向的运动，在一定程度上简化了驱动电路。经有限元分析确定了振子的工作模态为B9阶面内弯曲模态，该阶模态两个振型的固有频率分别为60690 Hz、60694 Hz，频率差为4 Hz，从设计上实现了振子同阶、同频的要求。针对所选模态，对整个振子（振子、柔性铰链、支撑）进行动态设计，最终确定各个部分的几何尺寸。同时，分析了各个部分几何参数对模态的影响及灵敏度，分析表明铰链的几何尺寸对模态及频率差的影响最为敏感。在纵、弯复合模态直线超声电机的基础上，提出并试制了一种H形振子结构的直线超声电机，该电机利用H形压电振子两侧直梁的1阶交替伸缩振动模态和3阶对称弯曲振动模态叠加，在振子的四个驱动齿上产生椭圆运动或斜直线运动轨迹，驱动动子（滑块）做直线运动。利用有限元分析软件ANSYS完成了振子与支撑结构的一体化设计。利用柔性铰链结构连接振子与固定支撑，分析表明：该结构对振子的工作模态的影响足够小。对H形压电振子进行了结构优化设计，以振子的主要结构尺寸参数为设计变量，以纵、弯振动模态频率差最小为目标对振子进行了优化，确定了振子的各结构参数。通过有限元分析对振子结构优化可得，振子纵、弯振动模态固有频率分别为33075 Hz和33083 Hz，频率差为

8 Hz，并分析了各主要结构参数对工作模态的影响。分析表明，中间横梁、纵横梁之间的柔性铰链尺寸参数对模态影响较为敏感。实验测试结果表明，压电振子完全达到了设计要求，且运动平稳。

本书内容涉及的有关研究得到了2024年度辽宁省教育厅高校基本科研项目（LJ212414435005、LJ232414435003）、2023年度辽宁省教育厅科研项目（JYTMS20230059）、辽宁省储能与能源利用技术重点实验室2024年项目（CNNK202408、CNNK202416）、2024年辽宁省自然科学基金区域联合计划项目（2024LNYKJ13）、2024年营口理工学院校级科研项目（FDL202402、FDL202403）等的资助，特此致谢。

特别感谢营口理工学院张健老师、梁金广老师对作者给予的帮助和支持。本书在撰写过程中，参考了有关文献资料，在此，向文献资料的作者表示感谢。

由于作者水平所限，书中不妥之处，敬请广大读者批评指正。

作　者

2024年12月

于营口理工学院

目 录

1 直线超声电机

超声电机是一门涉及多种学科的新技术，它以超声波振动为动力源，通过接触摩擦转换能量，形成旋转或直线位移输出。这种新型的电机一般工作在 20 kHz 以上的频率（人所能听见的声音频率范围 20 Hz~20 kHz），故称超声电机。它突破了传统电机的概念，没有磁极绕组和磁路，不依靠电磁相互作用来转换能量，而是一种利用压电陶瓷的逆压电效应产生超声振动，将微观变形通过共振放大和摩擦耦合转换成转子或滑块的宏观运动的驱动机构。其原理完全有别于传统的电磁感应的电动机，以其能量密度大、响应速度快等优良性能，引起国内外电机工程界的关注。目前已研制出各种形式的超声波电动机产品，用于光学仪器、机床设备、机器人、办公设备、家用电器等领域，发展前景广阔。

直线超声电机更是以其结构简单，设计灵活越来越得到人们的重视。我国的直线超声电机的研究水平和日本、美国等国家相比差距较大。鉴于此，以理论分析和试验研究为基础，完成方环形直线驻波超声电机原理样机设计、制造，有利于进一步丰富我国直线型超声电机的理论和设计、制造技术，研发拥有自主知识产权的直线型超声电机，推进我国超声电机事业的发展。

方环形直线驻波超声电机可部分地取代传统的小型和微型电磁电机，因而其具有很高的学术理论价值，将来可以在航空、航天、国防、机器人、医学等高科技领域具有非常广阔的应用前景。

1.1 直线超声电机的特点及应用

1.1.1 直线超声电机的特点

直线超声电机是一种由电能直接转换成机械能的新型电机，它作为超声电机的一个重要分支有着许多优点，从诞生的那一天起就引起了世界各国的普遍关注。自从 1982 年指田年生开发出两种类型的直线超声电机以来，各种各样的直线超声电机被研制出来，并且向实用研究开发积极推进。

超声电机与传统电机相比，由于其工作原理不同于传统电磁电机，因而具有许多特点。

（1）结构简单灵活、运动形式多样，设计灵活极易实现小型、薄型化。

（2）体积小、重量轻、功率密度大。超声电机具有潜在的高功率密度（功率/重量比)，是电磁电机的10倍左右。在传递相同功率的情况下，超声电机质量和体积仅为普通电磁电机的1/8~1/5。

(3) 低速下大力/力矩。与电磁电机相比，超声电机最显著的特点是低速下具有大力矩输出的特性，因此无须减、变速机构，可实现直接驱动。

(4) 惯性小，响应快。超声电机的启动时间一般在几毫秒之内，而停止时间则更短。

(5) 速度和位置控制性能好，分辨率高。超声电机表面振幅一般为微米级，甚至是纳米级，因此步进驱动可以达到纳米级精度。

(6) 断电自锁，静态保持力矩大。超声电机依靠摩擦驱动，断电时由于定、动子间静摩擦力的作用，自然呈摩擦制动状态，使电机具有大于最大输出力矩的静态保持力矩。

(7) 无磁性扰动。超声电机依靠摩擦实现驱动，因此不产生磁场，不会对周围电路、电器等产生电磁干扰；工作时受磁场的干扰极小，可以在强磁场环境下工作。这一特点，使超声电机非常适合在光学系统或超精密仪器上应用。

(8) 可在较苛刻的环境下工作，如真空、低温环境。试验表明：超声电机能在-150 ℃的低温和真空度为10^{-6} Pa 的环境下工作。

(9) 低噪声运行。在超声频域工作，而且是直接驱动，故噪声比较低。

1.1.2 直线超声电机的应用

超声电机具有上述与传统电机不同的特点，作为电磁电机的一种补充，具有广泛的应用前景。近二十年来，超声电机已得到迅速的发展，新的驱动机理层出不穷，应用领域不断拓宽。

(1) 半导体制造业：具有亚微米精度且可以快速定位的驱动装置在半导体工业中占有重要的地位，随着集成度的提高，对定位精度的要求也日益提高，传统的电磁电机驱动由于存在中间环节，不可避免地存在累积误差，而直线型超声电机控制性能好、位置分辨率高、占用空间体积小，可用于IC、LSI等高精度数控机构，印刷线路板加工、检测，晶片元件排列、焊接、封装，半导体片等精密冲裁件。

(2) 民用、家电：随着生活水平的提高，人们对物质享受的要求也越来越高，直线超声电机由于具有断电自锁、可以直接驱动、清洁、无噪声运行等优点，可用于窗帘、高级音响、高级轿车等遥控调节装置；许多科学仪器，医疗器械会产生强磁场或者对电磁场干扰具有严格的要求，而超声电机可以避免这些问题，所以超声电机可以用于核磁共振环境下设备的驱动。

(3) 计算机辅助制造：由于超声电机机构刚度大、定位精度高，它可用于工具驱动与控制装置以及工件的定点传输。如用于超声电解磨床工作台的驱动，微细电火花机的加工装置，机械柔性制造系统工件、托盘的准确定位与装夹。

(4) 工业自动化机器：直线型超声电机运动精度高、控制性能好、响应快，它可用于无损探伤用探头驱动，发动机油门的控制、机器人装配、各种快速反应装置；还可用于喷字、涂漆等智能化仪器仪表。而且，直线超声电机已被用于 *X-Y* 绘图仪，日本 Takano 还已研制了一种用直线超声电机驱动光盘唱头的装置。

(5) 航空、航天：电机在低温和真空条件下的运行特性对航空航天的发展是极为重要的。超声电机结构简单，重量轻，不受磁场干扰，真空无须润滑的优点，这是电磁电机在航空航天领域所不能比的。1995 年，美国航空航天局喷气推进实验室首次将直线超声电机用于多功能爬行系统，该系统用于航天飞船外舱壁的检查，其承载重量与自重比达 10∶1。

目前，直线型超声电机的位置控制精度一般可达到微米级，直线型超声电机在精密微进给系统中已经得到了成功的应用。美国 LLL 国家实验室的 DTM-3 大型金刚石车床和 LODTM 大型光学金刚石车床、英国 Cranfield 公司的 OAGM2500 大型精密机床的微量进给系统都已采用了直线型超声电机。

1.2 国内外直线超声电机的研究现状

1.2.1 国外研究现状

从 20 世纪 80 年代开始，国外一些学者和科研机构就开始了直线型超声电机研究，其中日本在这方面的研究一直走在世界的前列，它掌握着世界上大多数超声电机技术发明专利，已研制出了多种形式的直线超声电机。美国、德国、法国、英国等也投入了大批的人力、物力开发超声电机，努力追赶日本。其他一些国家，如意大利、瑞士、新加坡等地的高校也都相继研究和开发超声电机。

最早的直线超声电机是在 1982 年由日本学者指田年生提出的两种行波型直线超声电机：一种为直梁式，如图 1-1（a）所示，在梁的两端各连接一个高效螺栓夹紧兰杰文振子，在直梁上产生行波，驱动动子；另一种为环梁式（面外弯曲振动），如图 1-1（b）所示，为了防止波的反射把导轨做成封闭的环梁，激励压电陶瓷，在导轨上产生行波驱动动子，但这两种超声电机的效率很低。

1998 年德国 M. Hermann 等人制作了环形行波直线超声电机，如图 1-2 所示。粘贴在环形梁下面直梁段处内侧的压电陶瓷片，激励出振子的弯曲行波。为产生较大的振幅及推力，振子导轨上、下两面均做成梳状，该电机利用振子环面内弯曲模态工作。当驱动电压为 60 V 时，最大推力为 3.6 N，无负载最大速度为 0.6 m/s，最大加速度为 60 m/s^2，起动时间为 10.5 ms，关断时间为 10.3 ms，最大效率为 7.5%，效率比直梁式电机要高。

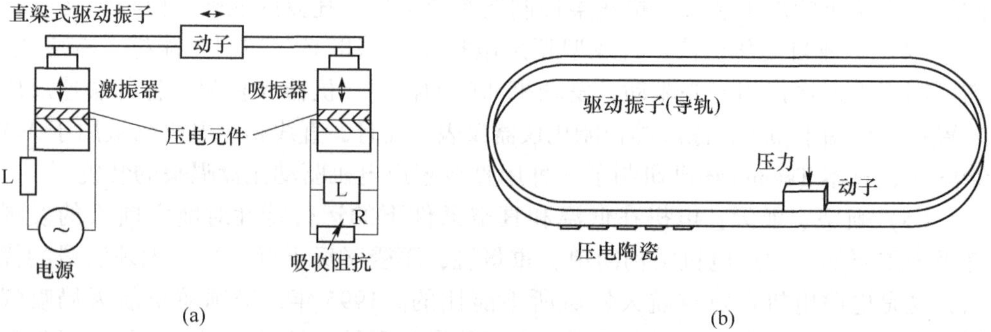

图 1-1　行波型直线超声电机

（a）直梁式；（b）环梁式

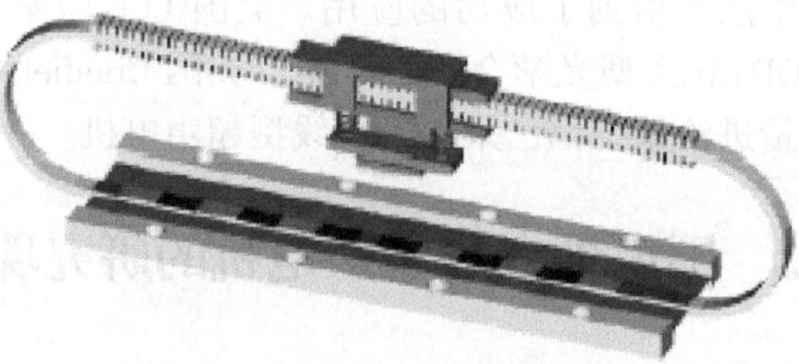

图 1-2　环形行波直线超声电机

行波型直线电机的关键在于产生一列沿导轨纵向运动的行波，这类电机从设计到制作相对复杂，所以驻波型直线超声电机成为直线超声电机研究的另一个重点。

1990 年日本大西一正提出了 π 型直线超声电机，如图 1-3 所示。利用两个斜置的叠层压电陶瓷激励出弹性体两足部的纵向和横向弯曲振动驻波，并在足部合成驱动所需的椭圆运动，该电机的最大推力为 10 N，最大无负载速度为 30 cm/s。这种 π 型直线超声电机于 1993 年被日本 SUNSYU 公司应用到 *X-Y* 定位仪上。

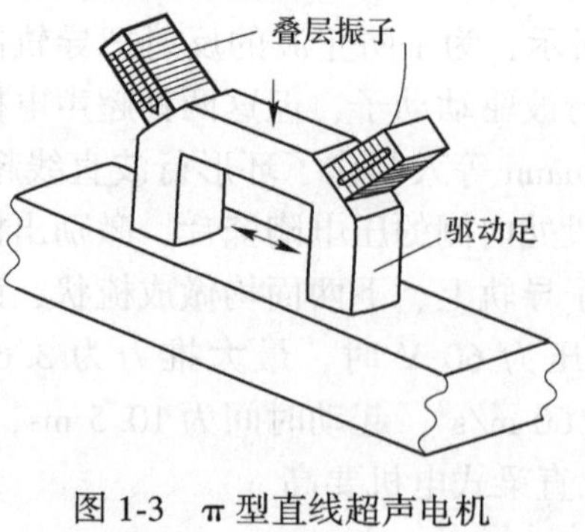

图 1-3　π 型直线超声电机

Nanomotion 公司研制的压电陶瓷电机如图 1-4 所示，其具有优异的低速平稳性和动态特性，同一台电机可直接驱动直线运动或旋转运动。电机内部无磁场，无运动元件，结构小巧，能提供无限的行程，达到直线电机和旋转电机都无法匹敌的高精度。Nanomotion 的电机已经成功地应用于各种不同的场合。

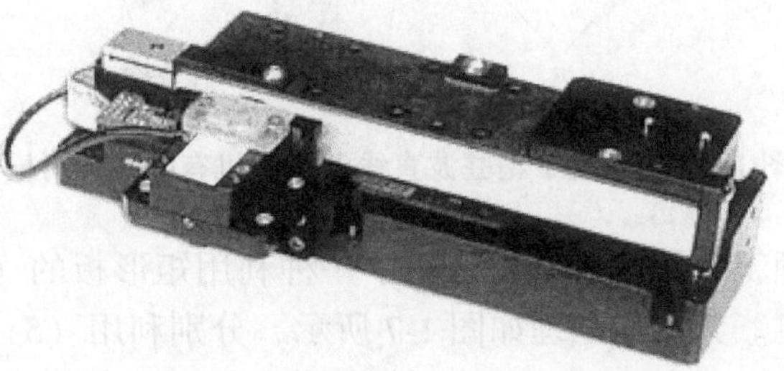

图 1-4　Nanomotion HR 系列直线电机

日本的 Hiroyuki Hashiguchi、Yoshiya Egashira 等人研制了一种非共振模态的压电驱动器，如图 1-5（a）所示，四个圆柱形压电振子如图 1-5（b）所示，利用弯曲和伸缩两种模态，在齿端形成椭圆运动，A、B 足交替运动。该驱动器工作可靠，精度可达到±2 nm。

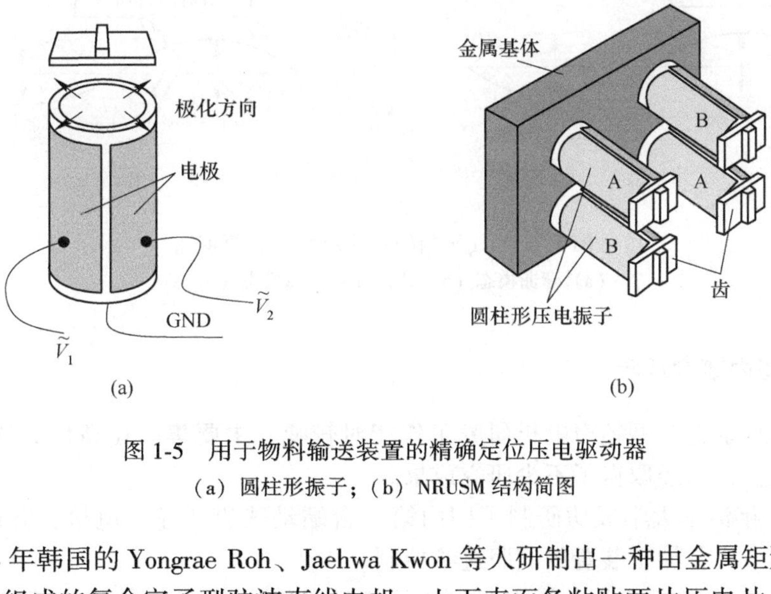

图 1-5　用于物料输送装置的精确定位压电驱动器

（a）圆柱形振子；（b）NRUSM 结构简图

2004 年韩国的 Yongrae Roh、Jaehwa Kwon 等人研制出一种由金属矩形板和四片压电片组成的复合定子型驻波直线电机。上下表面各粘贴两片压电片且彼此间隔四分之一波长，极化方向相反，依靠相位相差 90°的驻波来形成椭圆运动，其样机有限元分析模型如图 1-6 所示。

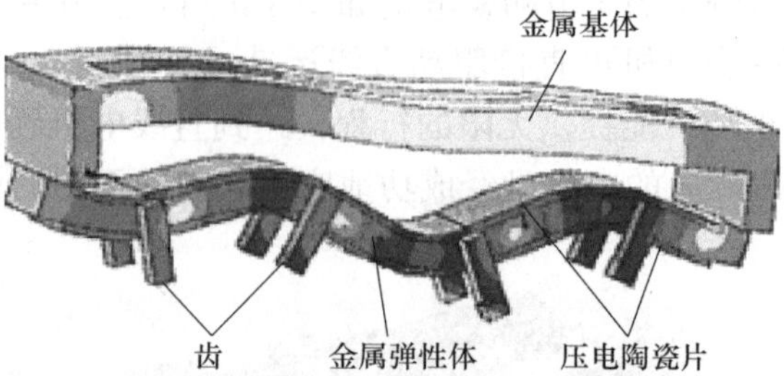

图 1-6 复合定子型驻波直线电机样机有限元分析模型

新加坡南洋理工大学 Lim 等人研制了一种利用矩形板的（5，0）和（6，0）模态来驱动的电机。其工作原理如图 1-7 所示，分别利用（5，0）和（6，0）模态实现滑块的正向和反向运动。试验测得其输出特性类似直流电磁电机，起动推力为 4.9 N，自锁力为 6.86 N，精度达到 40 nm，无负载最大速度为 80 mm/s，起动时间为 12 ms。

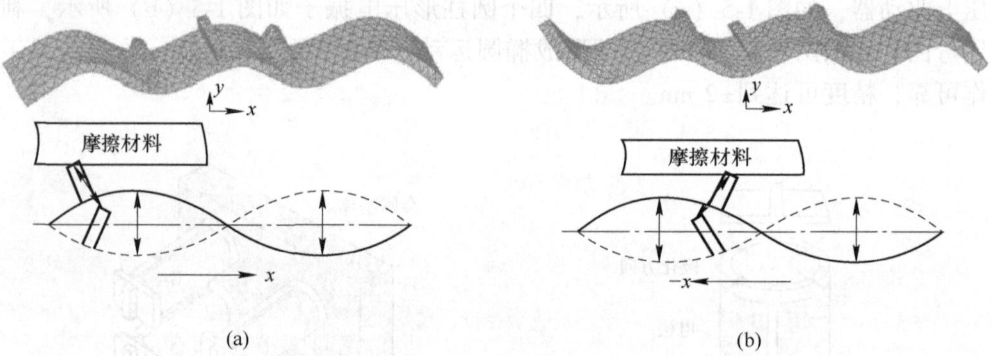

图 1-7 Lim 研制的直线超声电机原理图
（a）弯曲模态（5，0）；（b）弯曲模态（6，0）

1.2.2 国内研究现状

国内从事直线型超声电机研究工作相对较晚，主要集中在高校的科研机构。到目前为止，已经取得了不少研究成果。

1993 年清华大学成功研制了国内第一台蠕动式直线超声电机，并成功地应用于微细电火花加工装置的伺服进给控制。

1997 年哈尔滨工业大学也研制出了双边驱动的双足式驻波直线超声电机，如图 1-8 所示。

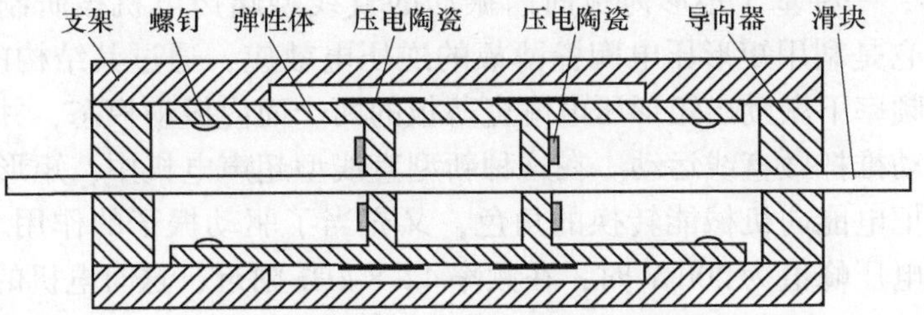

图 1-8 双边双足式驻波直线超声电机

1998 年华中理工大学研制了一种双 π 型直线型超声电机，双 π 型结构集振动体和移动体于一身，并由磁场提供预应力，采用 12 层的层叠压电陶瓷激振，该电机驱动特性曲线呈线性，即外施电压幅值与压电体振幅呈正比进而与电机速度呈正比。

从 1996 年南京航空航天大学研制成功了单梁式行波型直线超声电机起，到如今已经研制了多种类型的直线超声电机。

如图 1-9 所示，样机由两个定子和一个动子（与工作台台面相连）组成。定子是一个利用 1 阶纵振和 2 阶弯振、带双足的兰杰文振子，双足交替驱动。

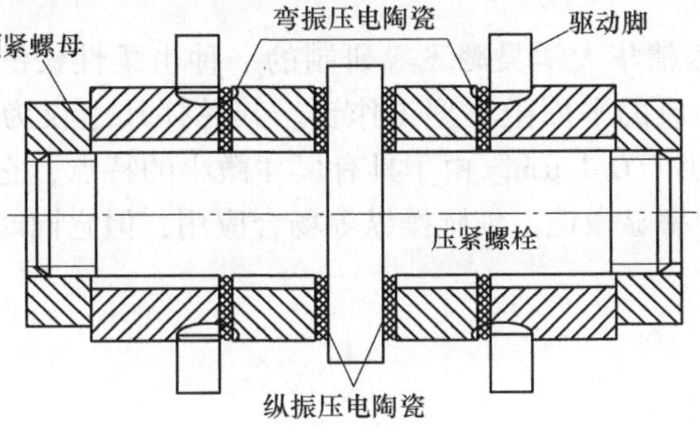

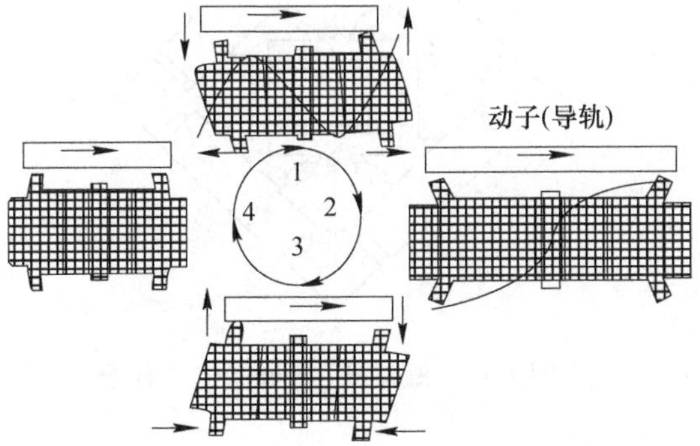

图 1-9 多定子直线超声电机

2001 年，一种基于矩形薄板面内振动的直线型超声电机被研制成功，如图 1-10 所示，它是利用矩形压电陶瓷薄板的逆压电效应，通过其结构的合理设计，在同一驱动频率下激励出矩形压电陶瓷薄板的两个面内振动模态，并通过其他部件来带动运动推杆做直线运动。在这种新型直线型超声电机中，矩形压电陶瓷薄板既充当了把电能向机械能转换的角色，又充当了驱动振子的作用。试验表明，当输入交流电压峰值为 200 V 时，在频率 42. 8 kHz 附近，这时电机的直线运行速度大于 50 mm/s，输出推力约为 5 N。

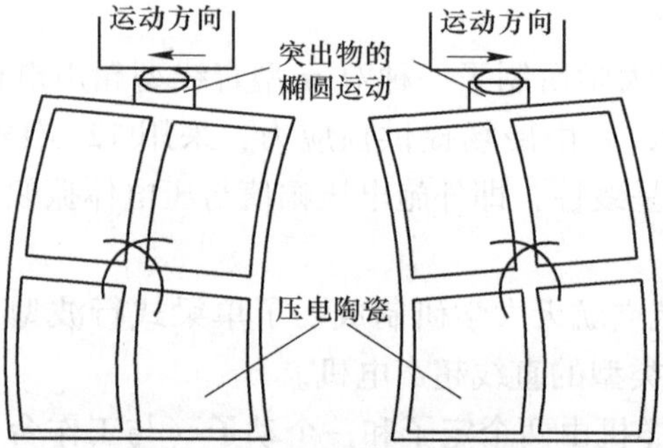

图 1-10　矩形薄板直线超声电机

图 1-11 所示为清华大学吴鹰飞等研制的一种由柔性铰链机构、电磁夹紧机构和压电元件所构成的平面微小型工作台。其总体尺寸仅为 20 mm×20 mm×12 mm，位移分辨率小于 0. 1 μm。由于具有尺寸微小的特点，它尤其适合于在狭小的空间，如高分辨率显微镜、细胞操纵等场合应用，但它同时也存在着带负载能力的局限。

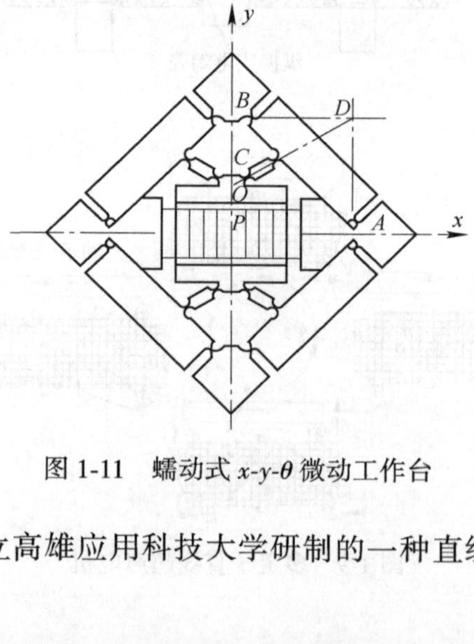

图 1-11　蠕动式 x-y-θ 微动工作台

图 1-12 所示为国立高雄应用科技大学研制的一种直线型超声电机。该电机

由一个椭圆型金属弹性体、两个积层型压电制动器与支座所构成。压电制动器能够在正弦波电压激励下产生周期性微小变形运动，进而挤压椭圆型弹性体产生变形，并且让弹性体上的定子作用点能够形成椭圆形运动轨迹。一旦定子上能够产生足够大小的椭圆形运动轨迹，则可透过正向力的施加，将定子上的椭圆形变形运动转换为滑台上的直线运动。

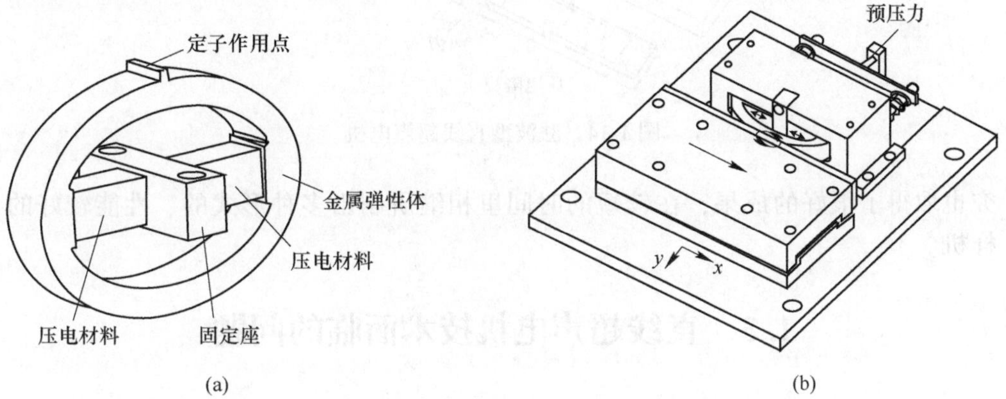

图 1-12 直线超声电机椭圆形振子（a）与样机（b）

上海同济大学机械工程系根据模仿人走路的方式，提出一种新的“双脚步进式”微型机器人的进给机构和实现方法。通过对该机器人系统的研制与性能测试，获得了步进精度高，移动范围大，移动速度、方向可调等良好效果。该系统采用内嵌式导轨导向结构，如图 1-13 所示。

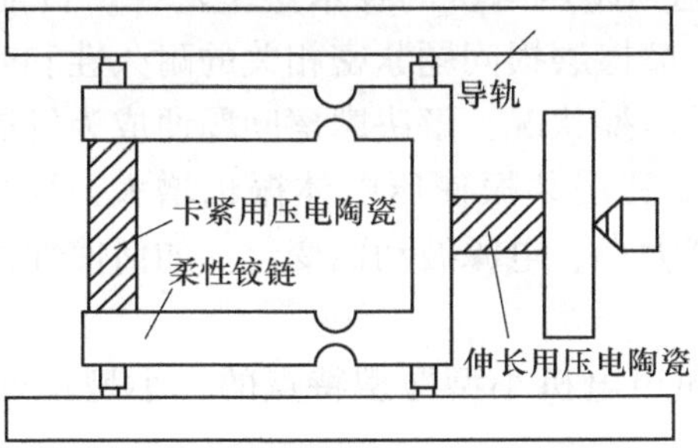

图 1-13 “双脚步进式”进给机构

图 1-14 所示为浙江大学研制的一种驻波型直线电机。该电机利用振子的 B_3 与 B_4 阶弯曲模态实现正、反方向的运动。这种结构的电机在国内、外均有研究。

2003 年国内首次对环形直线行波超声电机进行研究。辽宁工学院振动研究室对环形直线行波超声电机的振子进行了进一步的理论与试验研究。

近些年来，随着对压电超声电机认识的不断深入，我国在超声电机领域的研

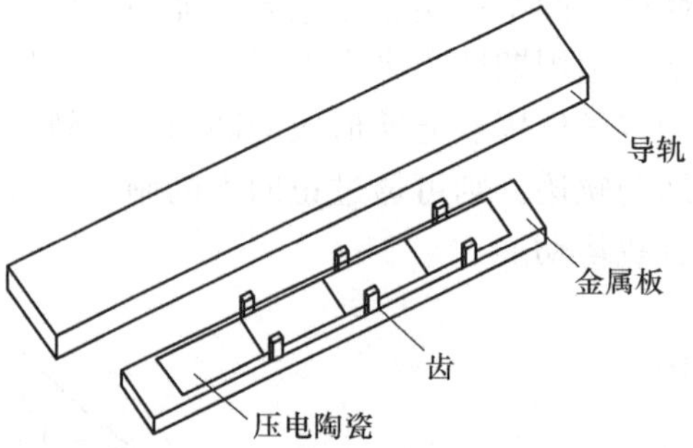

图 1-14　驻波型直线超声电机

究也取得了很好的成果，在较短的时间里相继研制出多种形式的、性能较好的样机。

1.3　直线超声电机技术面临的问题

直线型超声电机发展时间较短，理论研究工作还不成熟，目前已开发的直线型超声电机存在的普遍问题是推力小、效率低、控制性差和磨损严重。这些问题严重阻碍了直线型超声电机的实际应用。因此，要使直线型超声电机得以广泛运用，必须解决好以下问题。

（1）深入开展驻波型超声电机的理论研究工作，如机电耦合系统数学模型及仿真、电机优化设计与性能预估、接触传动机理与效率分析等。

（2）摩擦磨损问题是超声电机的技术堡垒之一。目前制约超声电机进入市场的关键因素也正是与摩擦磨损问题紧密相关的耐久性和效率。因此，把握超声电机特有的传动界面的摩擦状况，解决摩擦问题便成为发展超声电机的关键。

（3）超声电机主要利用共振使压电体振幅增大，而共振是不稳定的现象，会因为环境温度、负载大小、电源波动而变化。如何使性能长时间稳定，需要深入研究。

（4）开发不破坏超声电机小型薄型特点的、小型精密的移动位置跟踪检测系统。

如何很好地解决这些问题就是我们在 21 世纪所面临的任务。由于我国的超声电机技术距国际水平尚有一定差距，因而我们所面临的任务更为艰巨。

2　驻波型直线超声电机的工作机理

直线超声电机是20世纪80年代开发出来的一种新型电机，能直接产生直线运动和直接输出推力，具有控制性能好，可步进、伺服工作、容易同计算机接口、实现智能化和机电一体化、无须运动转换机构，可以直接驱动等优点，开发前景非常广阔。随着超声电机应用领域的拓宽，直线类超声电机的研究越来越得到人们的重视，成为国内外超声电机的研究热点。

直线超声电机主要由驱动振子和直线导轨（或滑块）两部分组成，其中的驱动振子一般由压电元件和弹性体构成。其驱动原理是利用压电元件激励出弹性体的超声频域共振，借助摩擦力推动驱动振子，或固定驱动振子而推动滑块前进。

2.1　超声电机动力系统的构成

超声电机的机电能量转换是利用压电材料的逆压电效应实现的，压电材料将所施加的电能转换成机械能，而动力的传递实质上是伴随着运动方式的改变而实现的。第一步：利用压电陶瓷变形带动弹性体的振动产生行波或驻波。第二步：利用压电振子表面质点的椭圆运动或振子齿的摆动通过摩擦力将动力输出，以带动负载。目前所开发出的几类比较典型的超声电机，虽然形态各异，但工作机理大致是相同的。

超声电机动力系统指的是能量转换及动力传递的整个过程及其实现手段。为了能更清晰地展示超声电机动力系统，下面用图2-1所示的框图来说明。

（1）振子模块。该模块是超声电机的核心部分，振子由压电材料和弹性体（本书所述的弹性体使用材料为黄铜）粘贴在一起构成，其主要功能是产生共振模态。利用压电材料的逆压电效应，把交流电压加到振子上，由压电材料的变形激发弹性体的机械振动。当激振电压频率与振子的固有频率一致时，振子振幅达到最大。

（2）摩擦驱动模块。该模块是超声电机最终的动力输出模块，它是通过定/转子（本书为动子/导轨）之间的接触界面利用摩擦原理来完成的，一般以摩擦力的形式对外输出。摩擦力的产生一般有两个必要条件，即接触面间的相对运动（或相对运动趋势）和接触面法向间的压力。通过在导轨上施加预压力实现接触面间的法向压力，通过动子齿的摆动实现接触面间的相对运动。

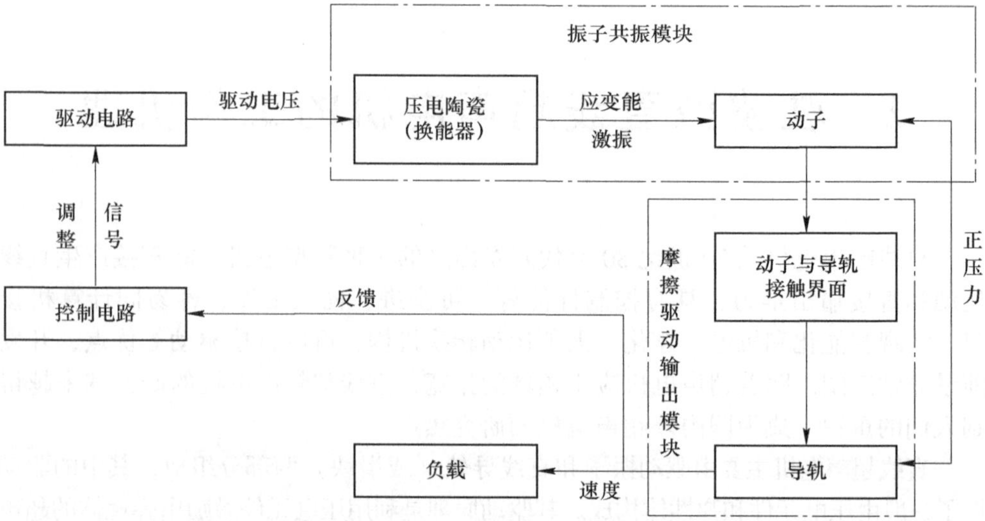

图 2-1　超声电机动力系统框图

2.2　压电振子

2.2.1　压电陶瓷

压电陶瓷是压电振子的重要元件，超声电机是借助压电陶瓷的逆压电效应实现机电能量转换的。压电陶瓷的能量转换形式和效率决定了超声电机的能量转换及其结构、转矩和输出功率。压电陶瓷的基本方程是研究压电陶瓷的出发点。

压电晶体具有机电转换特性，所以会发生电行为和弹性行为的耦合。这种耦合关系在一定条件下，尤其是小信号条件下，可以用比较简单的线性压电方程来描述。压电方程是对压电晶体的介电性、弹性、压电性的综合表达。在弹性限度范围内，外电场不为零时，应变可以由应力和电场两个方面的作用产生，而电位移也可以由应力和电场两个方面的作用产生。压电陶瓷存在机械和电气两种边界条件，其中机械分为自由和夹持，电气分为短路和开路两种状态。因此，相应的综合描述晶体极化、弹性之间机电耦合作用的压电方程组也跟电磁电机的位移方程类似，有四种组合。也就是说，电场强度 E、电位移 D、应力 T、应变 S 这 4 个变量中任选 2 个量作为自变量时，可以得到 4 种不同类型的压电方程。

本书主要利用第二类压电方程，即在机械夹持（$S=0$，$T\neq 0$）和电学短路（$E=0$，$D\neq 0$）的条件下有：

$$\begin{cases} D = \varepsilon^{S}E + eS \\ T = -e^{t}E + c^{E}S \end{cases} \tag{2-1}$$

式中，ε^S 为恒定机械应变下的介电常数矩阵；e 为压电应力常数矩阵；c^E 为恒定电场条件下的机械刚度矩阵。

压电方程是关于应力与应变、电场和电位移关系的一种表达，所描述的是压电振动的微观现象，而在工程实际中需要的是压电、电流、力及速度之间的关系，因而需要一种宏观表达式，为此引用电声变换理论所采用的力系数 A，单位为牛/伏（N/V）或库/米（C/m），建立压电振子的系统方程（含压电陶瓷片和金属弹性体定子）为：

$$\begin{cases} -F = AV - Zv \\ I = Y_d V + Av \end{cases} \tag{2-2}$$

式中 F，v——机械输出端的力和速度；

V，I——电气输入端的电压和电流；

Z，Y_d——压电陶瓷系统的阻抗和导纳。

为解释上述方程，用图 2-2 所示的横向振动模态的模型来说明。图 2-2 中压电陶瓷的厚度为 h，宽度为 b，长度为 l，比较上述系统方程和压电方程的关系可以确定力系数。电场 e、应力 t、应变 s、速度 v、振动位移 ξ 和电流 I 之间的相互关系如下所示：

$$E = \frac{V}{h_p}$$

$$T = \frac{F}{bh_p}$$

$$S = \frac{\xi}{l}$$

$$v = \frac{d\xi}{dt} = j\omega\xi = j\omega(Sl)$$

$$I = bl\frac{dD}{dt} = j\omega blD$$

把上述公式代入式（2-2），并整理得：

$$D = \frac{Y_d h_p}{j\omega bl}E + \frac{A}{b}S$$

$$T = -\frac{A}{b}E + j\omega Z\frac{l}{bh_p}S$$

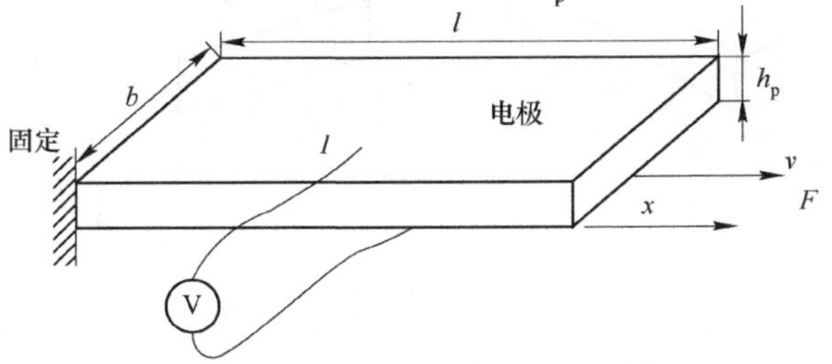

图 2-2 机电转换横向效应模型图

从上面所述的第二类压电方程式（2-1）可见：

$$e = \frac{A}{b}$$

得

$$A = be$$

若设电场强度 $E=0$，由式（2-1）可得到应力 T 和应变 S 的比例系数 c^E，c^E 即杨氏模量 E_Y。若不施加机械应力，即 $T=0$，这时电场强度 E 和应变 S 的关系用压电应变常数 d_{31} 表示，这样有关系式：

$$d_{31} = \frac{S}{E} = \frac{e^t}{c^E} = \frac{e^t}{E_Y}$$

得

$$e^t = d_{31}E_Y$$

最终力系数为：

$$A = bd_{31}E_Y \tag{2-3}$$

式中，$E_Y = j\omega Z\frac{1}{bh_p}$。

2.2.2　振动模态

各种振动模态的压电陶瓷振子是压电陶瓷超声电机的基础，当激励信号的频率处于振子的谐振频率附近时，压电陶瓷振子就会发生谐振，此时压电振子的机电转换效率达到最高。因此压电振子具有频率选择的特点。同一个压电片，在不同的外加信号的作用下，可呈现不同的振动模式，如图 2-3 所示。沿着压电体的某一方向施加电场，根据与该方向相关的非零压电应变常数，判断在压电振子中能够激发出何种振动模式。

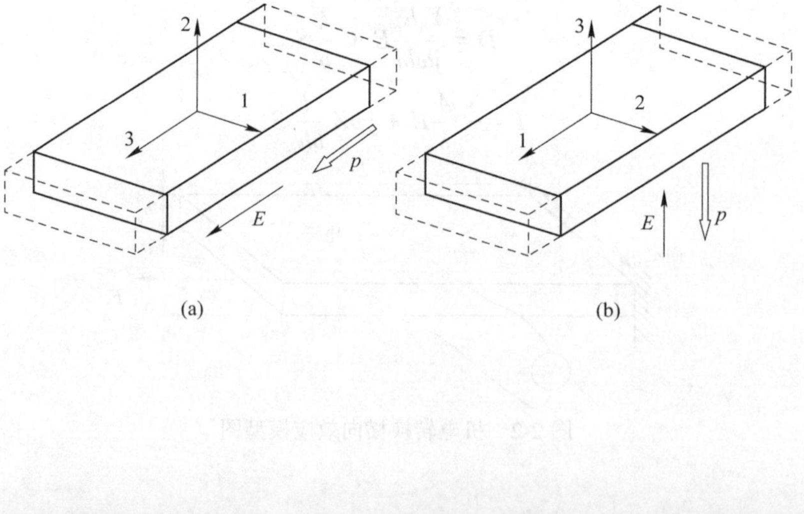

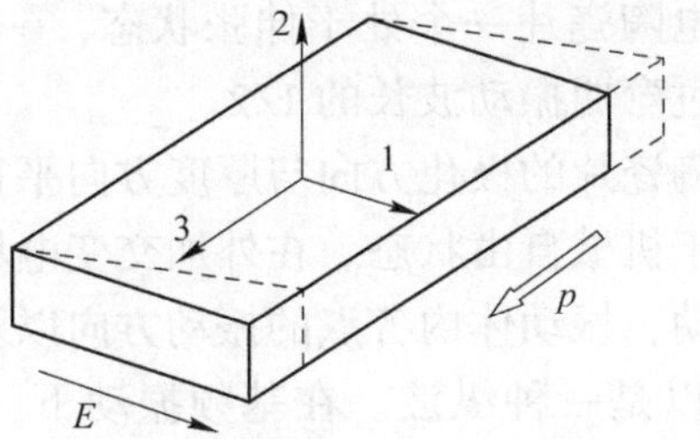

(c)

图 2-3 压电片的不同振动模态

（a）纵向模态；（b）横向模态；（c）垂直电场方向的剪切模态

——→电场方向；----变形；⟹极化方向

压电体中能被外电场激发的振动模式和压电体的形状尺寸、阻尼情况等因素有着密切的关系。所以当要求某种振动模态时，应使其阻尼和形状尺寸有利于该模态的机电能量转换。

2.2.3 直梁型压电振子

对于一个弹性体，理论上可以存在无限多个振动模式，而对于有使用价值的压电振子，其振动模式是有限的。这些振动模式有单一的也有复合的。

利用压电晶体的逆压电效应，将压电陶瓷置于外加交变电场中可在压电体中激发出各种模态的弹性振动，当外电场的频率与压电体中的弹性振动的机械谐振频率一致时，压电体便进入了谐振状态，成为压电振子。

如图 2-4 所示，在金属弹性体上粘贴有压电陶瓷片组成压电振子梁，陶瓷片相邻分区极化方向相反，在电压激励下通过压电陶瓷的非零压电应变常数 d_{31}，相邻压电分区分别伸张和收缩，从而激发横向长度伸张和收缩振动，可以在定子弹性体中激发出弯曲振动。

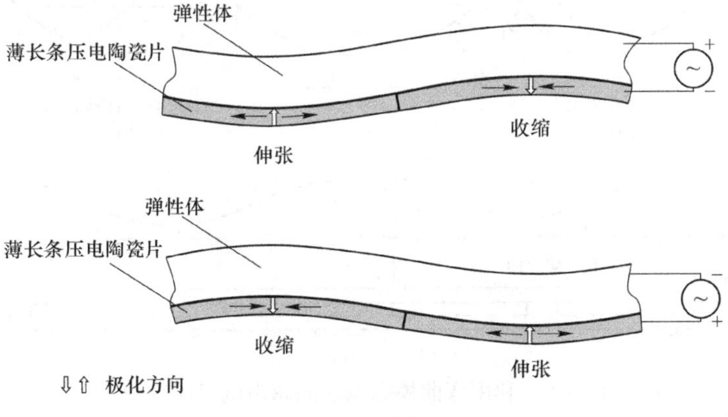

图 2-4 压电振子弯曲振动产生机理

由于相邻分区的压电陶瓷片一个处于伸张状态，一个处于收缩状态。因此，每个分区的长度不能超过弯曲振动波长的 1/2。

薄长条压电陶瓷，陶瓷片的极化方向与厚度方向平行，电极表面与厚度方向垂直，压电片的两端处于机械自由状态。在外加交变电场的作用下，压电薄长条沿长度方向产生伸缩振动，振动体内各点的振动方向以及振动传播方向皆与薄长条的长度方向一致，所以是一种纵波。在基频振动下，压电片中心的振幅等于零，两端振幅最大。当交变电压的频率等于谐振频率时，压电陶瓷将产生谐振。其谐振频率与压电片的长度关系为：

$$f_{\mathrm{r}} = \frac{1}{2l}\sqrt{\frac{1}{\rho s_{11}^{E}}} \tag{2-4}$$

由此可见，长度伸缩振动模式的谐振频率与其长度呈反比。陶瓷片越长，谐振频率越低，陶瓷片越短，谐振频率越高。

2.3　驻波型直线超声电机的工作原理

驻波型直线超声电机主要由定子和动子两部分组成。由于弹性体振动模态和压电元件极化方式的多样性及新的驱动机理不断涌现，使其在结构上十分灵活多变。因此，以振动的特定模式为核心来进行分类比较能反映出超声电机的特点。目前，驻波型直线超声电机的主要类型有单一模态型和复合模态型。

2.3.1　单一模态型

如图 2-5 所示，振子被激励成单纯驻波模式。在振子上按一定配置方式加工

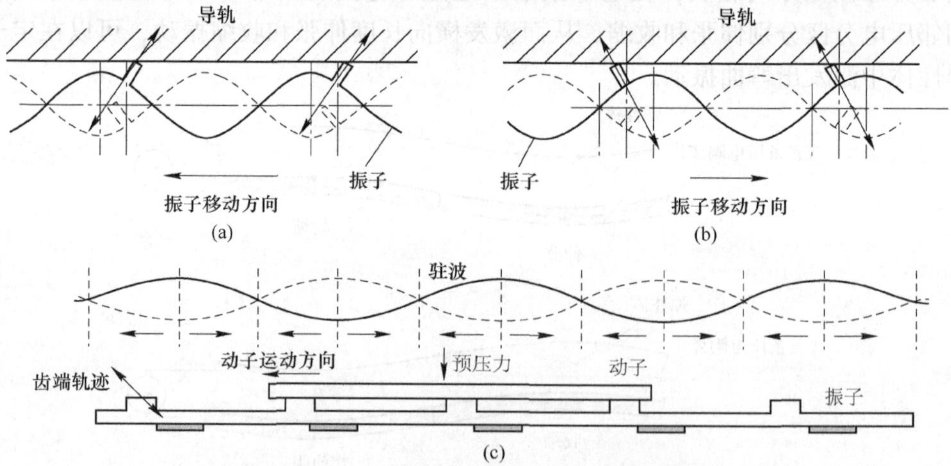

图 2-5　利用弯曲模态振动的超声电机原理图

（a）模态 1；（b）模态 2；（c）振子运动原理图

出若干个齿，依据振子齿相对驻波波峰的位置的不同而形成左斜向上或右斜向上碰撞力，推动动子做单向直线运动。

为便于分析，将振子展成直梁形式，假设导轨固定，振子本身移动。图 2-5（a）（b）是振子的两个工作模态，图 2-5（a）中，振子齿在波腹的右侧，齿端位移如图所示，上梁振子齿对导轨施予右斜向上的力，下梁振子齿对导轨施予右斜向下的力，导轨对振子的反作用力推动振子左移；同理，图 2-5（b）中，振子齿在波腹的左侧，振子右移。设计的关键是确定齿的位置：既要在一个模态某个波峰（波谷）的左边，又要在另一个模态该波峰（波谷）的右边。

目前研制的这种直梁式直线超声电机前进和后退分别工作在两个不同阶段的模态下，这种结构设计要求换向时必须改变频率以激发出不同阶次的振型。

2.3.2 复合模态型

复合模态型超声电机根据其复合模式的不同又可分为纵-扭、纵-弯、扭-弯等几种。但是，无论是哪两种模态的复合，其根本目的是一样的，就是在端点处形成椭圆运动。图 2-6 所示为一种纵-弯复合模态的直线超声电机，振子采用叠层压电陶瓷片并通过螺栓预紧，这种结构能够提高振子的效率。当同时激发出振子的纵向伸缩模态和横向弯曲模态时，复合产生两侧驱动点的椭圆运动，通过摩擦作用推动振子运动。当两相驱动电压相位差由 90°切换为−90°时，便可实现振子换向。

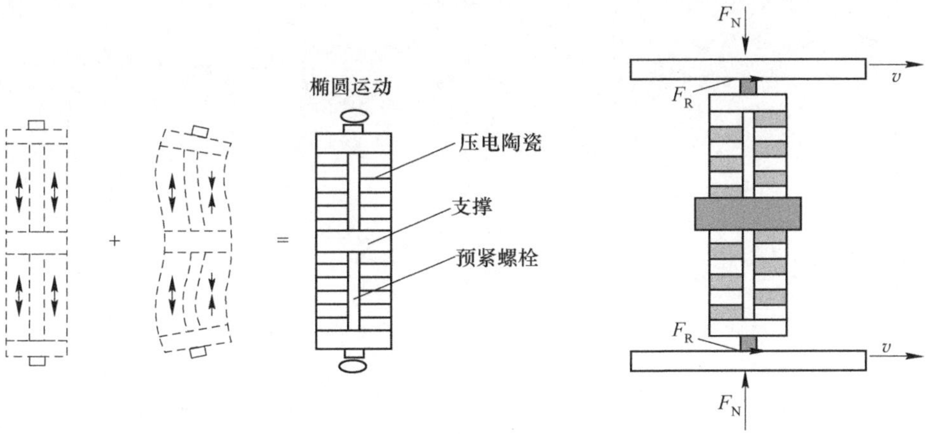

图 2-6 纵-弯复合模态振子示意图

对于复合式超声电机，由于系统中存在两种振动模式。在一般的情况下，系统中两种振动模式的共振频率、振速及应力分布都是不同的，以及每种振动模式的传播速度是不同的。因此，复合模式超声振动系统的设计比单一模式振动系统要复杂得多。对于功率较大的复合式超声电机，主要存在以下几个方面的问题：(1) 由于不同的振动模式的共振频率不同，给系统的电激励带来困难，致使控制系统的设计及制作复杂化；(2) 由于不同振动模式的应力及振速分布不同，因而其位移节点不在同一位置，这就给系统的机械固定带来不便；(3) 不同振动模式间存在相互耦合，使得问题的理论分析十分复杂。

本章介绍了超声电机动力系统的组成，压电振子作为超声电机动力系统的核心，它的激励方式和激振模态决定了电机的工作模式。较详细地阐述了压电陶瓷的特性、振动模式以及由压电陶瓷片和直梁组成的压电振子。从理论上分析了单一模态和复合模态驻波型直线超声电机的工作原理，为后续的振子结构设计提供了理论依据。

3　方环形直线超声电机

3.1　振子的结构设计

行波型直线超声电动机和复合振子型直线超声电机的振子都由两组压电单元组成，在电机工作时需要同时给振子加两路超声频率交变电压，以在定子上形成行波或在振子驱动点上形成椭圆运动。这两种直线超声电机的结构和驱动电路都相对复杂。而复合模态型直线超声电机需要在同一振子上激励起两种模式的振动，来形成定子表面质点的椭圆运动。

本章提出了一种小型（29 mm×26 mm×4 mm）的方环形直线驻波超声电机。该电机是在原有的一类环型行波直线超声电机的基础上，采用驻波作为驱动方式，利用同阶、同频的一组正交模态实现电机正、反方向运动，在一定程度上简化了驱动电路；同时采用双面双驱动齿的设计，提高了电机的输出力矩。

3.1.1　方环形振子

一般情况下，利用纯弯曲模态和利用复合模态的驻波型直线超声电机都存在着需要两个或多个模态的问题。为了克服这个问题，本书在环型行波直线超声电机的基础上提出了一种方环形结构的压电振子，如图 3-1 所示。

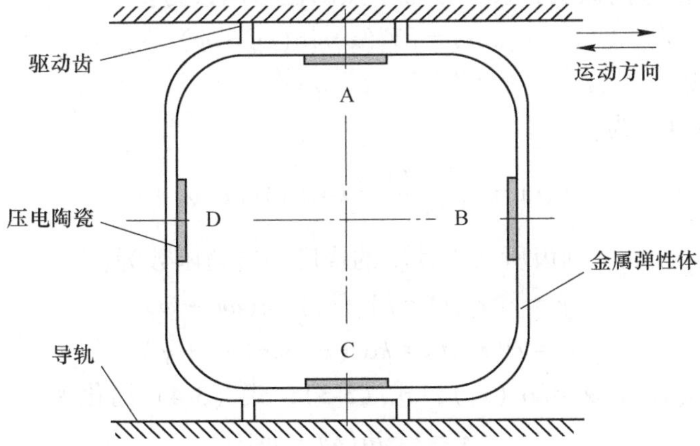

图 3-1　方环形振子结构简图

该振子由一方环形金属弹性体及四片压电陶瓷组成，上下直梁分别布置有一对驱动齿。由于振子本身结构的对称性，因而容易找到一对频率相同或接近的同阶弯曲模态，通过合理布置齿的位置就能够实现正、反方向的运动。工作时，振子沿着导轨做直线运动。

3.1.1.1　方环形振子的工作原理

当以一超声频交变电压同时激励压电陶瓷片 A、C 时，激发出的模态使得振子上下梁布置的驱动齿交替向左拨动导轨，由于电机为自行式（导轨固定），因此，导轨作用于振子向右的反力，使得电机向右运动。过程如图 3-2（a）所示，每一幅图表示上下直梁在同一时刻的动作。从图 3-2 中可以看出：当下直梁齿工作时，上直梁齿向回收缩瞬间脱离导轨；而下直梁齿工作时，上边的齿又脱离导轨，这样上下两对齿是交替工作的。当激励压电陶瓷片 B、D 时，驱动齿则同时向右拨动导轨，使电机向左运动。过程如图 3-2（b）所示，上下两对齿同时拨动导轨，同时脱离。该电机正向和反向运动是利用振子同阶、同频（频率相近）的两个正交模态，不同于以往的直梁式驻波超声电机依靠不同阶次的模态来改变方向。

3.1.1.2　驱动齿端点运动轨迹

行波型超声电机与模态复合型超声电机一般是通过质点或端点的椭圆运动驱动电机。本书所设计的方环形振子是利用带齿直梁的弯曲振动，通过齿的摆动，在齿与导轨之间产生摩擦力驱动电机运动。那么齿端的运动轨迹又如何呢？下面利用一个带齿直梁模型来讨论这个问题。如图 3-3 所示，直梁高 H，齿高 h，虚线部分为 $t=0$ 时刻梁所处的平衡位置，齿位于驻点与波峰之间，齿端点为 A。

梁处于自由弯曲振动，设中性轴上点的位移函数为：

$$y(x,t) = kY_1(x)\sin(\omega t + \varphi) \tag{3-1}$$

式中，k 为常数。

横截面转角 α 为：

$$\alpha(x,t) = \frac{\partial y(x,t)}{\partial x} = k\alpha_1(x)\sin(\omega t + \varphi) \tag{3-2}$$

若齿在 $x=x_1$ 处，则齿所在中性轴的挠度和转角函数为：

$$y = y(x_1,t) = kY_1(x_1)\sin(\omega t + \varphi) \tag{3-3}$$

$$\alpha = \alpha(x_1,t) = k\alpha_1(x_1)\sin(\omega t + \varphi) \tag{3-4}$$

设 $y_0=kY_1(x_1)$，$\alpha_0=k\alpha_1(x_1)$，式（3-3）、式（3-4）简化为：

$$y = y_0\sin(\omega t + \varphi) \tag{3-5}$$

$$\alpha = \alpha_0\sin(\omega t + \varphi) \tag{3-6}$$

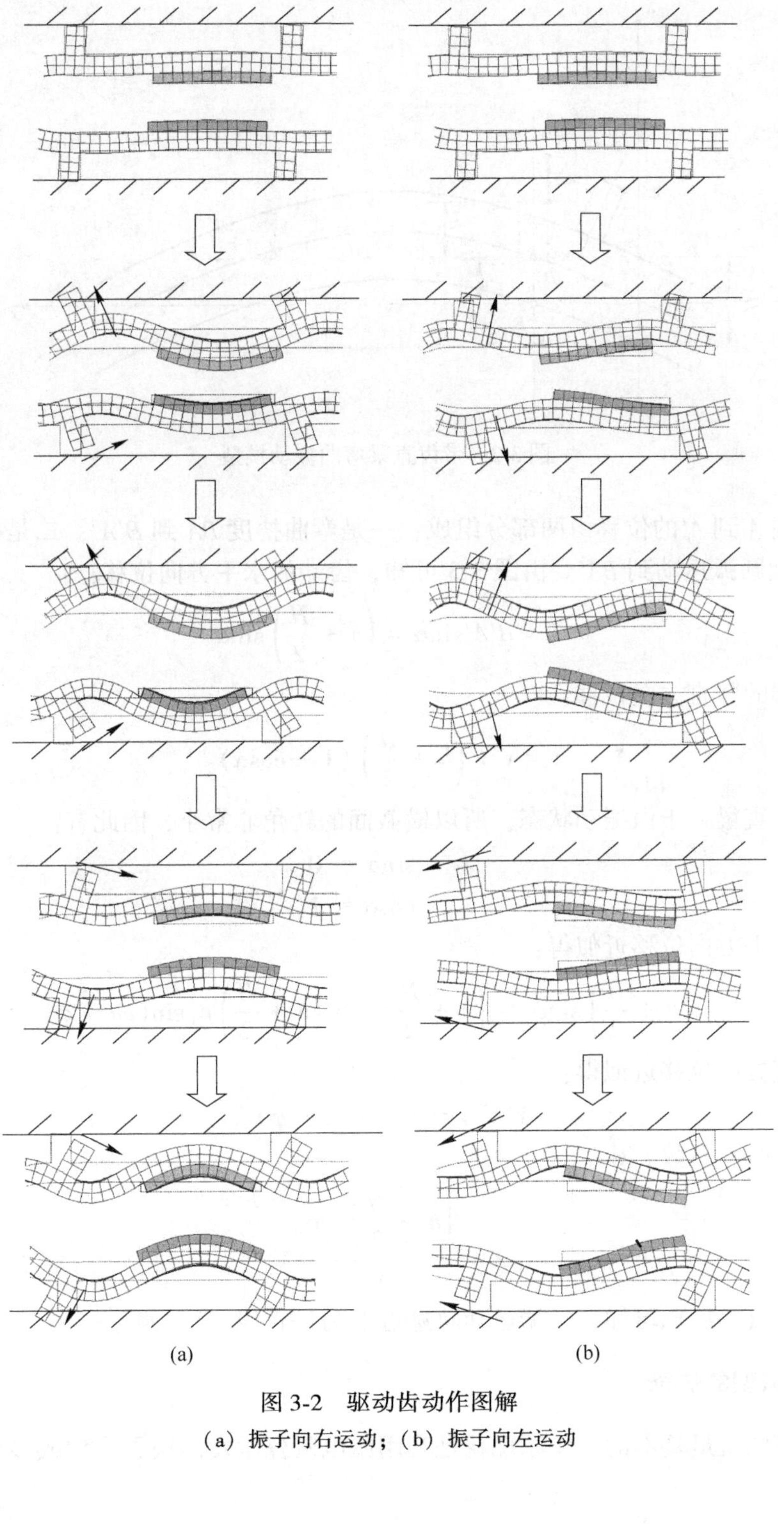

图 3-2　驱动齿动作图解
（a）振子向右运动；（b）振子向左运动

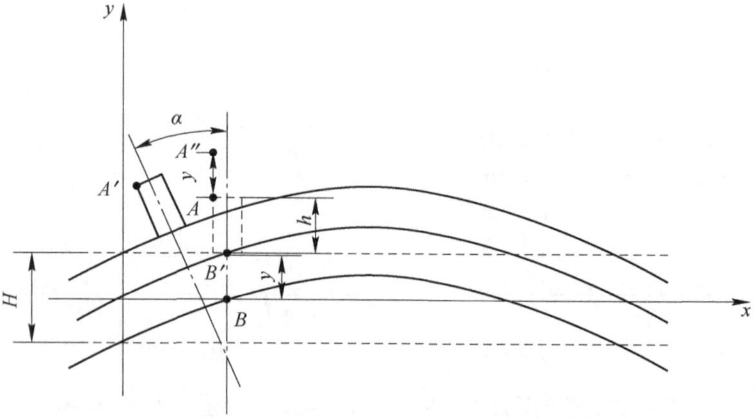

图 3-3　带齿直梁弯曲振动模型

齿端 A 到 A' 的位移由两部分组成：一是弯曲挠度 BA 到 $B'A''$；二是横截面转角 $B'A''$ 做圆弧运动到 BA'。由图 3-3 可知，齿端的水平方向位移：

$$X = B'A'\sin\alpha = \left(h + \frac{H}{2}\right)\sin\alpha \tag{3-7}$$

齿端的竖直方向位移：

$$Y = y + \left(h + \frac{H}{2}\right)(1 - \cos\alpha) \tag{3-8}$$

由于直梁处于微振动状态，所以横截面的转角非常小，因此有：

$$\sin\alpha \approx 0$$

$$\cos\alpha \approx 1$$

故水平方向位移近似得：

$$X = \left(h + \frac{H}{2}\right)\sin\alpha \approx \left(h + \frac{H}{2}\right)\alpha = \left(h + \frac{H}{2}\right)\alpha_0\sin(\omega t + \varphi) \tag{3-9}$$

竖直方向位移近似得：

$$Y \approx y = y_0\sin(\omega t + \varphi) \tag{3-10}$$

消去时间参数 t 得：

$$X = \frac{\left(h + \frac{H}{2}\right)\cdot\alpha_0}{y_0}Y \tag{3-11}$$

由式（3-11）可知，齿端运动轨迹近似为一直线。

3.1.2　振型的选择

超声电机最基本的工作原理就是利用压电陶瓷激发出振子一种或多种适合的

模态，以驱动电机运行。本书利用一类方环形振子的面内弯曲振动作为工作模态。图 3-4~图 3-9 所示为一方环形的 B_7~B_{12} 模态图。从图 3-4~图 3-9 中不难发现，当模态为奇数阶时，两个同阶模态一个关于 y 轴对称，一个关于 x 轴对称（当结构参数发生变化时，其对称关系有时也会发生变化），只有在这种对称关系下，才符合设计要求，即激励上下直梁压电陶瓷片时，与激励左右直梁压电陶瓷片时，产生的两个模态为同阶、同频（接近）正交模态；而当模态为偶数阶时，对称关系如图 3-4~图 3-9 所示，四片压电陶瓷片要么同时工作，要么全不工作，不符合设计要求。

为了能将电机小型化，设计时尽量减小振子的结构尺寸。然而，振子小型化的同时也带来了一些问题。随着振子体积的减小，其弯曲模态频率变高，如 B_{12} 阶的频率就已经超过了 100 kHz，而频率越高振幅就越小，影响压电陶瓷的使用效率。同时波长变小也给压电陶瓷片的选择、粘贴及驱动齿的设计造成了一定的困难。但是如果阶数太低，又不能满足一个直梁段布置多个驱动齿的设计要求。因此，综合以上因素选取 B_9 阶作为工作模态。

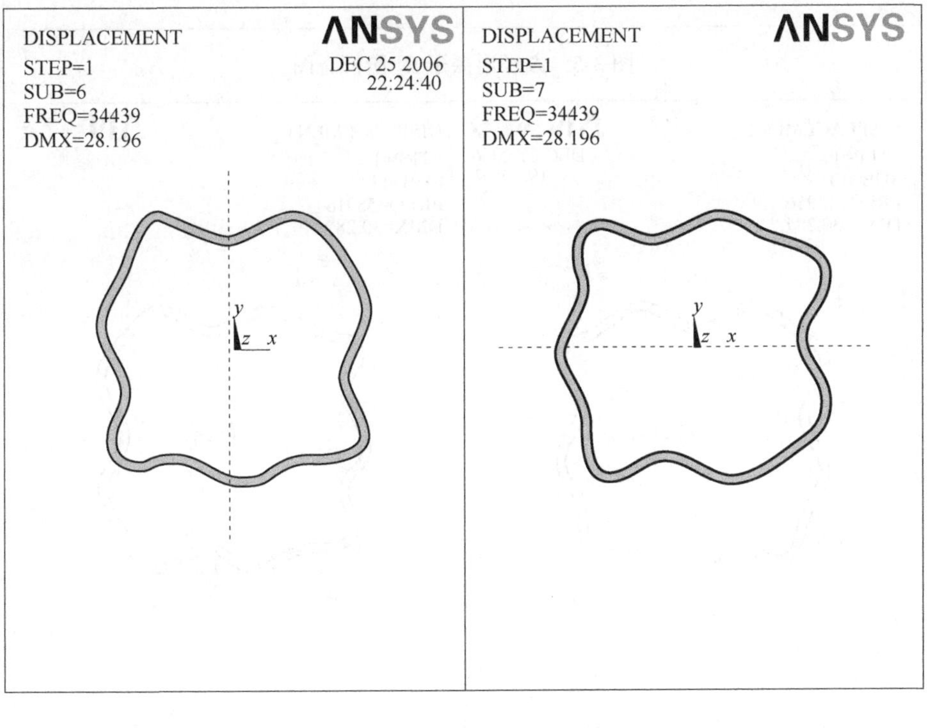

图 3-4 方环形振子 B_7 阶模态图

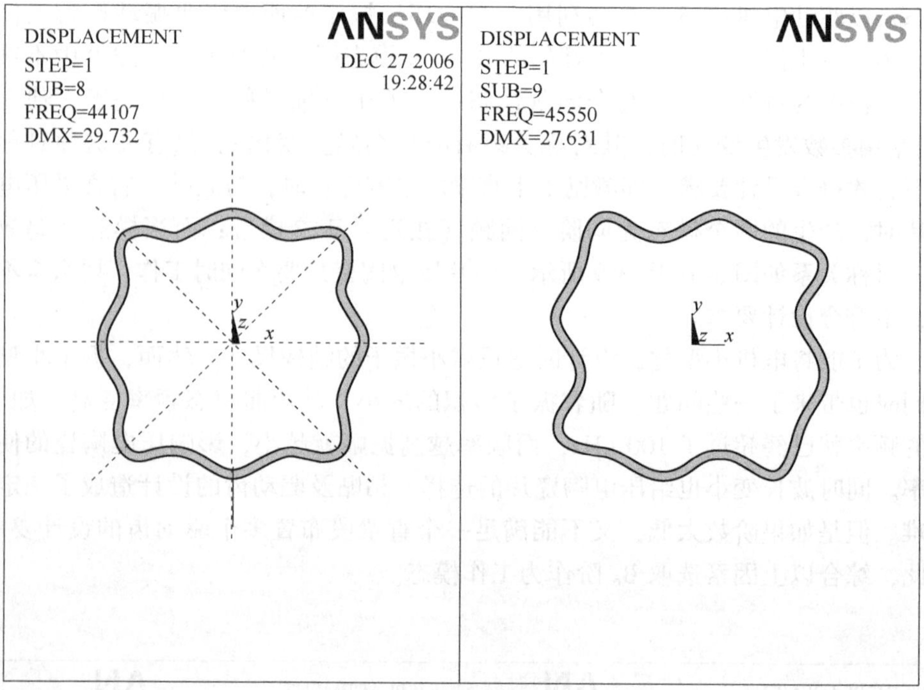

图 3-5　方环形振子 B_8 阶模态图

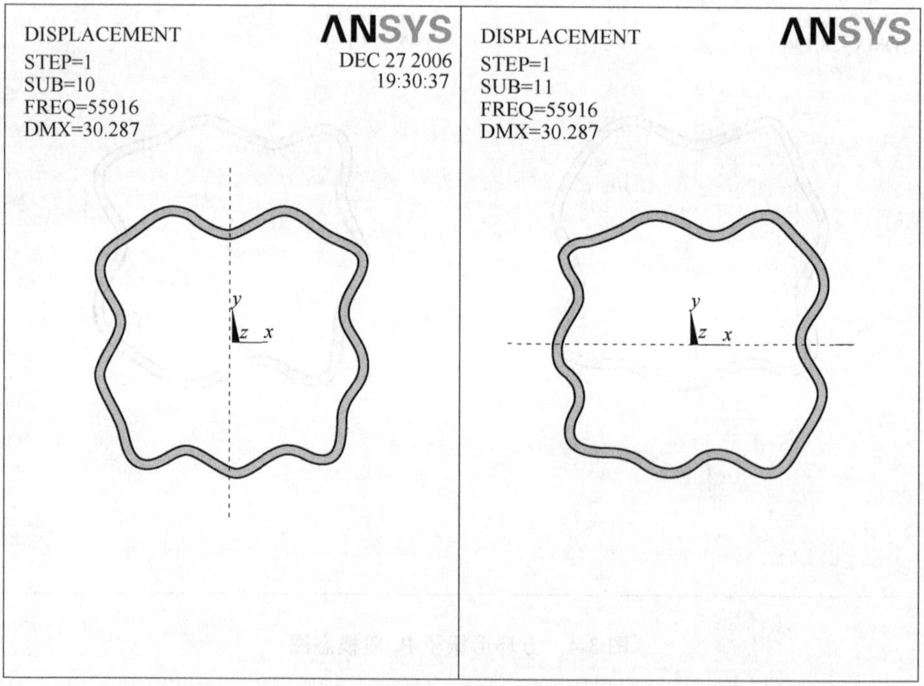

图 3-6　方环形振子 B_9 阶模态图

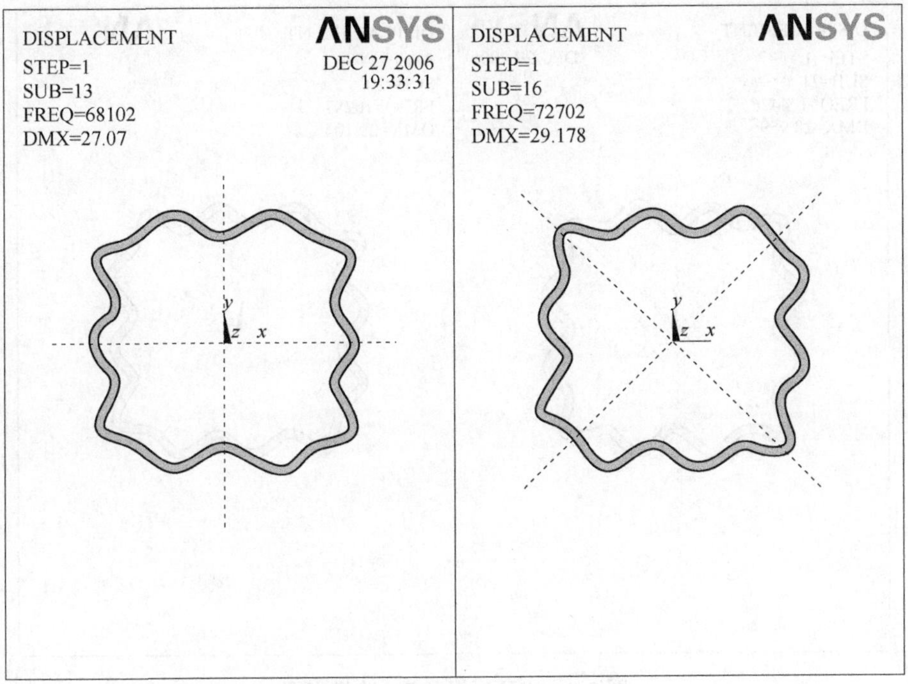

图 3-7 方环形振子 B_{10} 阶模态图

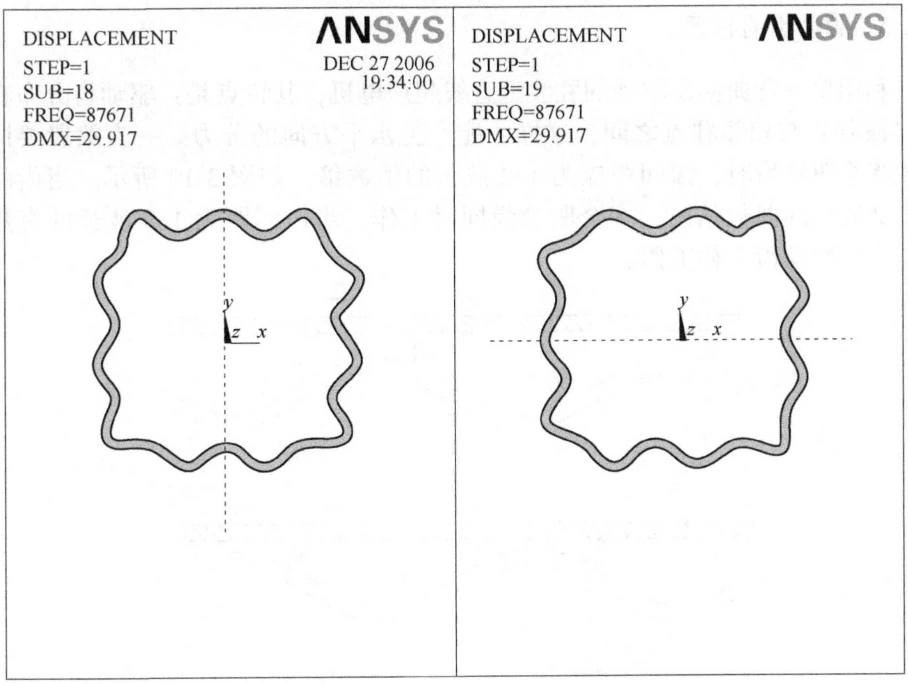

图 3-8 方环形振子 B_{11} 阶模态图

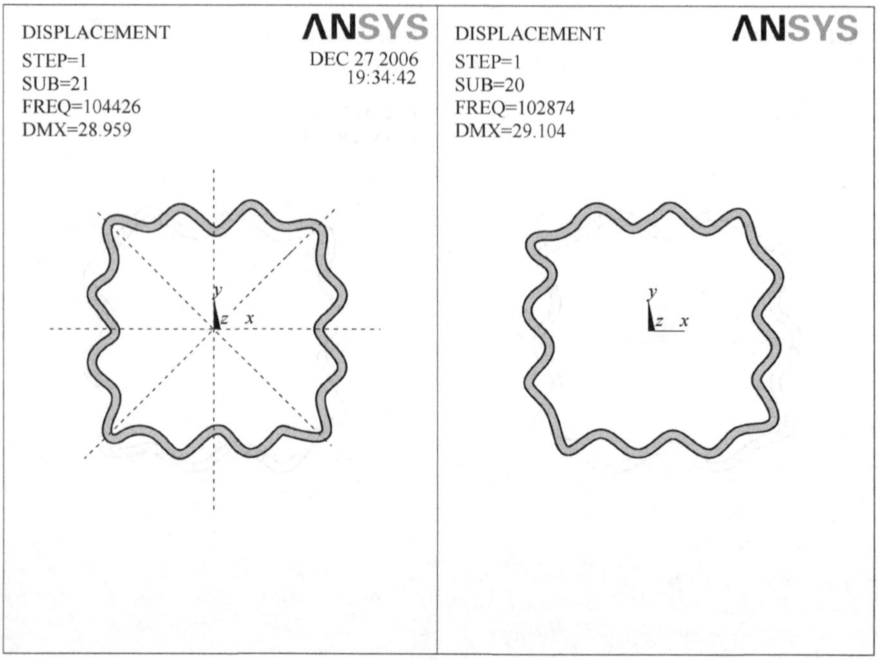

图 3-9　方环形振子 B_{12} 阶模态图

3.1.3　驱动齿的布置

利用单一弯曲模态驱动的驻波型直线超声电机，其特点是：驱动齿分布在波峰（波谷）与相邻驻点之间，这样才能产生水平方向的分力。一直梁段要同时布置多个驱动齿时，齿间距应为 1/2 波长的整数倍，如图 3-10 所示。当齿间距为 1/2 波长的偶数倍时，多个驱动齿同时工作；当齿间距为 1/2 波长的奇数倍时，多个驱动齿交替工作。

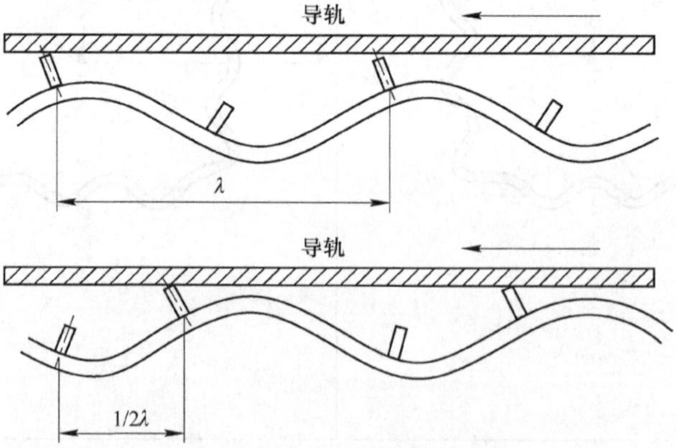

图 3-10　驱动齿工况示意图

本书设计的方环形振子需要在上下梁同时布置两个驱动齿。这就要保证在同一模态时，上下两对齿向同一个方向摆动。经有限元计算，振子在 9 阶弯曲振动时，波长 λ 约（因为波长不均匀）等于 12 mm，波峰（波谷）与相邻驻点之间的距离约为 6 mm。由于加上驱动齿后，其振型波峰（波谷）的位置将会产生微小的变化。因此，要借助于有限元分析软件进行动态设计，通过调整齿的位置，观察模态的变化，最终确定出合适的位置，如图 3-11 所示。

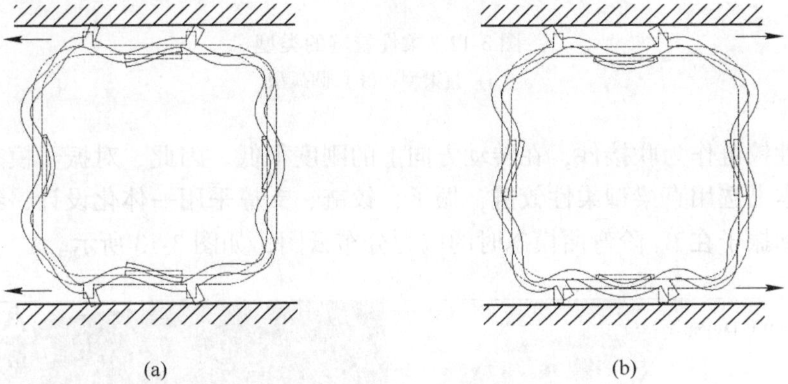

图 3-11 振子驱动齿的布置
（a）振子向左运动；（b）振子向右运动

虚线部分为振子变形前的结构，箭头表示振子运动方向。如图 3-11（a）所示，上下两对齿同时偏右斜向上运动拨动导轨时，振子向左运动；而当上下两对齿交替拨动导轨时振子向右运动，如图 3-11（b）所示。

3.1.4 支撑结构的设计

直线超声电机无论是自行式还是非自行式都需要有与外部设备相连接的部分，该部分也称支撑结构。由于超声电机是利用压电振子的振动模态工作，因此对于支撑结构部分，既要求有足够的强度，又不能对模态有明显的影响。综合以上因素，本书设计了一种利用柔性铰链连接支撑与振子的结构。

由柔性铰链构成的机构，结构紧凑、传动关系明确、无传动空程、并且无摩擦，最适合与压电元件组成微小型结构简洁、频响高的精密定位装置。利用柔性铰链传递力矩，静态定位误差达到纳米级，力和位移之间的迟滞现象明显减小。

柔性铰链的中部较为薄弱，在力矩作用下可以产生较明显的弹性变形，能在机械结构中起到铰链的作用。常用的主要有两种类型：直梁型柔性铰链和圆弧型柔性铰链，如图 3-12 所示。直梁型柔性铰链有较大的转动范围，转动中心在转动过程中有明显的偏转。圆弧型柔性铰链的运动精度较高，但运动行程受到很大的限制，只能实现微小幅度的转动。

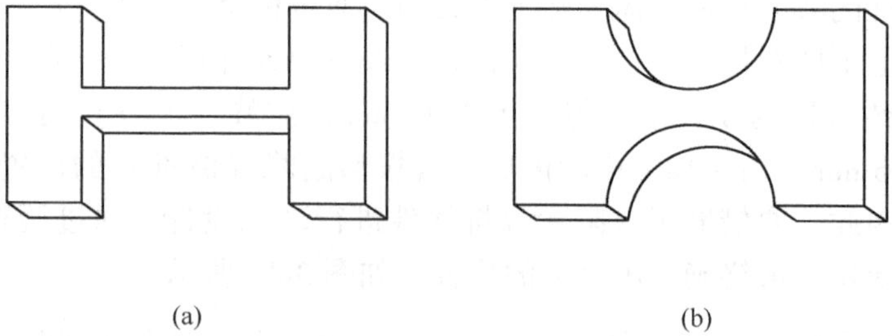

图 3-12　柔性铰链的类型
（a）直梁型；（b）圆弧型

柔性铰链作为联接件，在转动方向上的刚度很低。因此，对振子模态的影响很小。本书选用直梁型柔性铰链，振子、铰链、支撑采用一体化设计，经有限元分析得到振子在 B_9 阶弯曲模态时的应力分布云图，如图 3-13 所示。

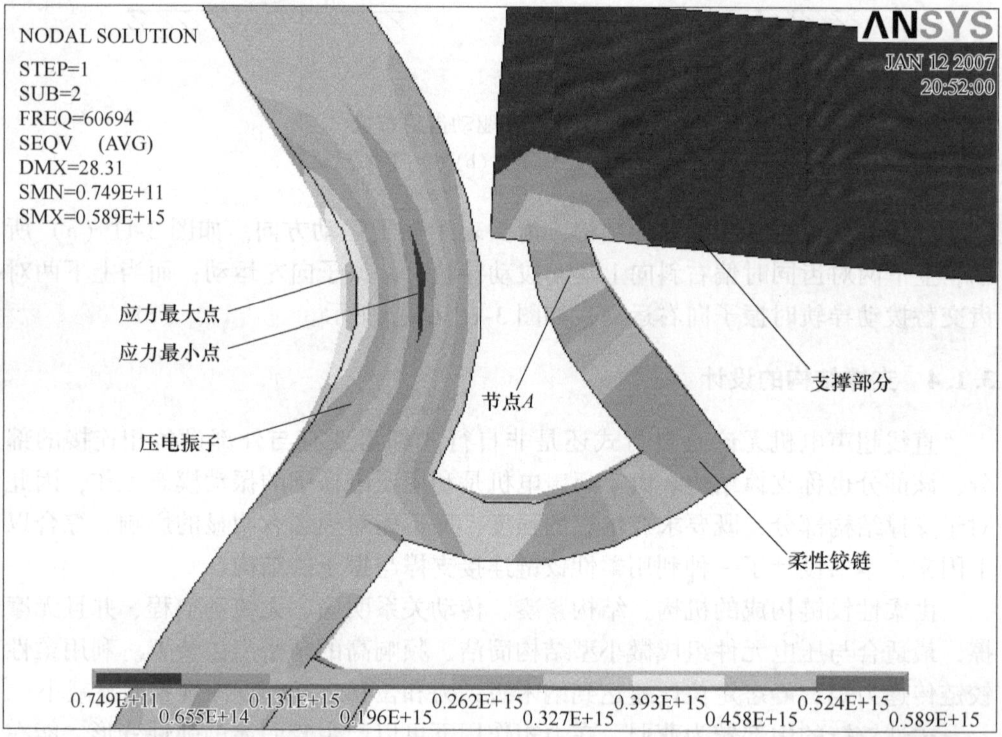

图 3-13　铰链处应力分布云图

图 3-13 彩图

对于铰链处刚度的计算解析法相对复杂，数值分析既省时又准确。通过对支撑部分施加集中载荷，计算出节点 *A* 处的位移，得出力与位移的关系曲线如图 3-14 所示，该曲线的斜率值即为刚度 2.5 N/μm。

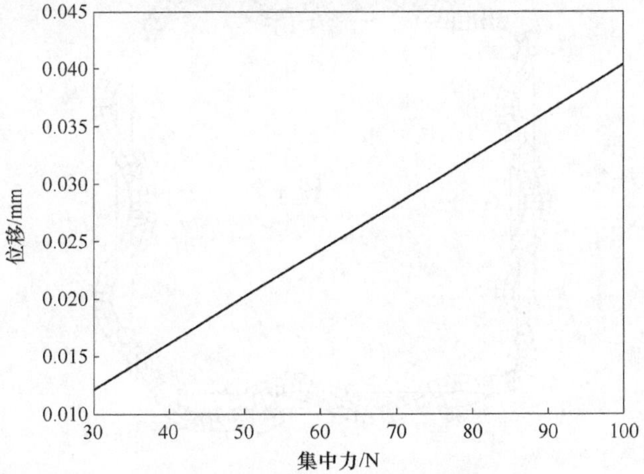

图 3-14 节点 *A* 力-位移关系

为了判断增加支撑结构对振子模态是否有影响，对有、无支撑的两种结构进行了比较，如图 3-15、图 3-16 所示，是对两种情况的有限元分析结果，从图中可以看出，通过柔性铰链与支撑连接的这种结构对振子振型几乎没有影响。因此，这种结构方案是可行的。

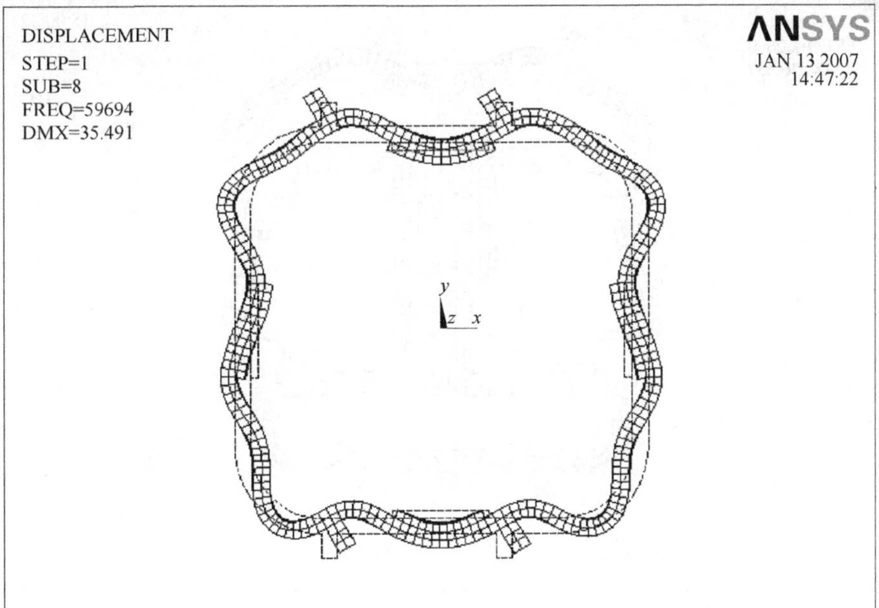

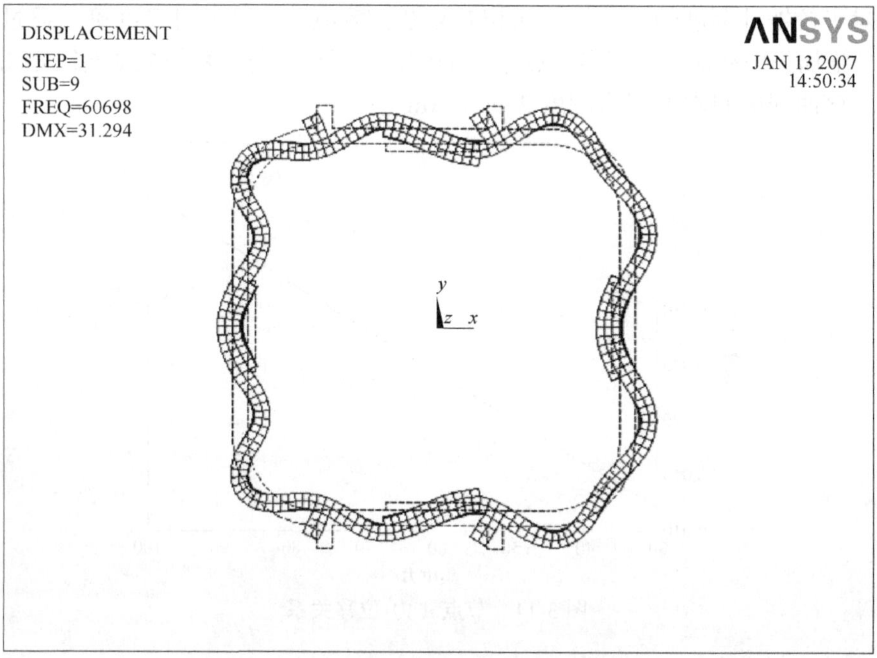

图 3-15　未加支撑时振子 9 阶弯曲模态

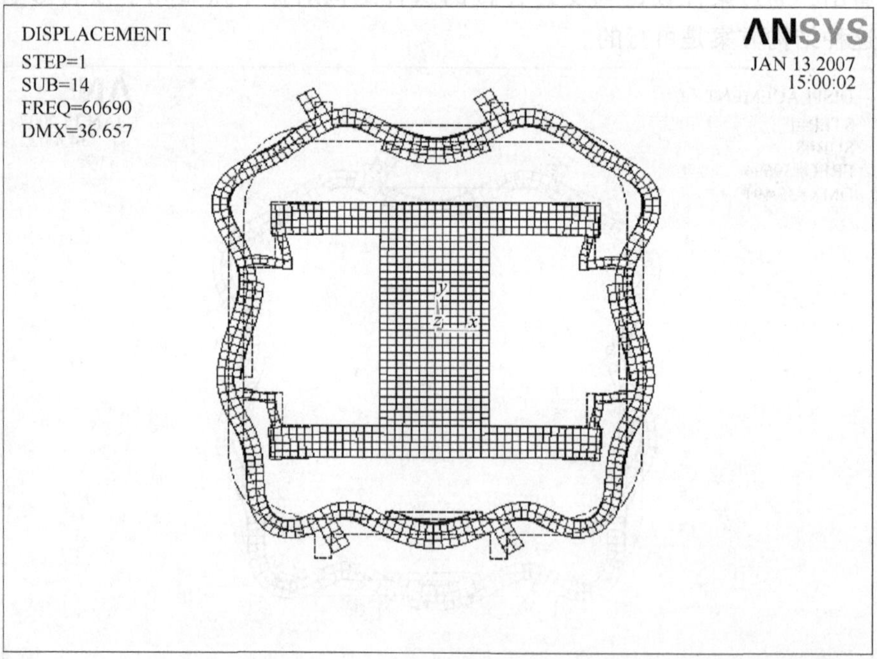

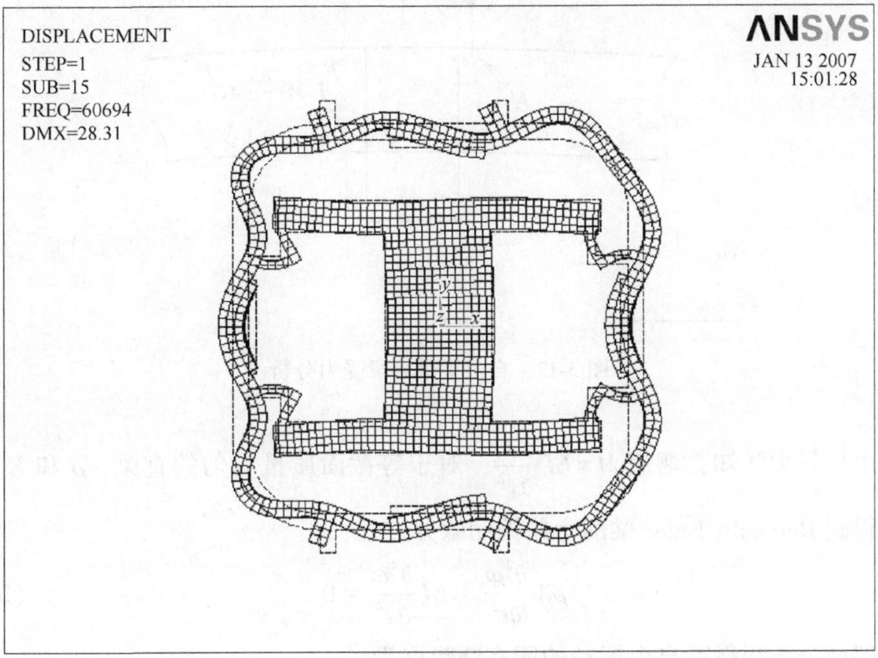

图 3-16 加支撑时振子 9 阶弯曲模态

3.1.5 振子材料的选择

目前，超声电机振子材料比较常用的有黄铜、铜合金、不锈钢、硬铝合金等。综合加工条件、性能要求、成本等因素，本书选用黄铜材料用于样机振子的制作。

下面以一段直梁为例，讨论不同材料对振动固有频率的影响。对于截面尺寸与长度之比较小，可以忽略振动过程中梁的截面绕中性轴转动惯量和剪切变形影响的梁模型称为 Bernoulli-Euler 梁。只考虑其在二维平面内的弯曲振动，取其轴线作为 x 轴，建立如图 3-17 所示的坐标系，截面关于中性面的惯性矩为 $I(x)$。用 ω 表示坐标为 x 的截面中性轴在时刻 t 的横向位移，取长为 $\mathrm{d}x$ 的微段作为分离体，其受力分析如 3-17 图所示，其中 Q 和 M 分别是截面上的剪力和弯矩。

根据牛顿第二定律，梁微段的横向运动满足：

$$\rho A\mathrm{d}x\frac{\partial^2\omega}{\partial t^2}=Q-\left(Q+\frac{\partial Q}{\partial x}\mathrm{d}x\right)=\frac{\partial Q}{\partial x}\mathrm{d}x \tag{3-12}$$

对单元的右端面一点取矩并略去高阶小量得：

$$M+Q\mathrm{d}x=M+\frac{\partial M}{\partial x}\mathrm{d}x \tag{3-13}$$

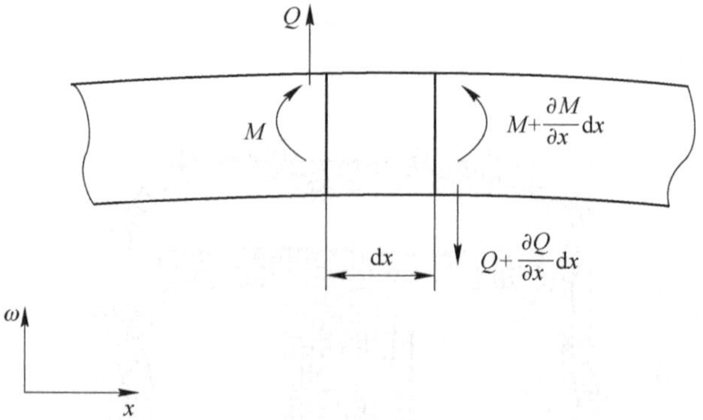

图 3-17　自由梁微分段受力分析

由材料力学知，弯矩 $M=EI\dfrac{\partial^2\omega}{\partial x^2}$，对于等截面质量均匀的直梁，$\rho$ 和 E 为常数，得到 Bernoulli-Euler 梁的弯曲振动微分方程：

$$\rho A\frac{\partial^2\omega}{\partial t^2}+EI\frac{\partial^4\omega}{\partial x^4}=0 \tag{3-14}$$

解微分方程得梁自由振动的固有圆频率为：

$$\omega=\frac{\lambda_i^2}{l^2}\sqrt{\frac{EI}{\rho}}\qquad \lambda_i\approx\left(i+\frac{1}{2}\right)\pi \tag{3-15}$$

根据式（3-15），将不同材料的物理参数代入，绘制出自由梁一阶弯曲振动时其长度与频率的关系曲线，如图 3-18 所示。当长度相同时，黄铜的共振频率明显要低于其他三种材料。

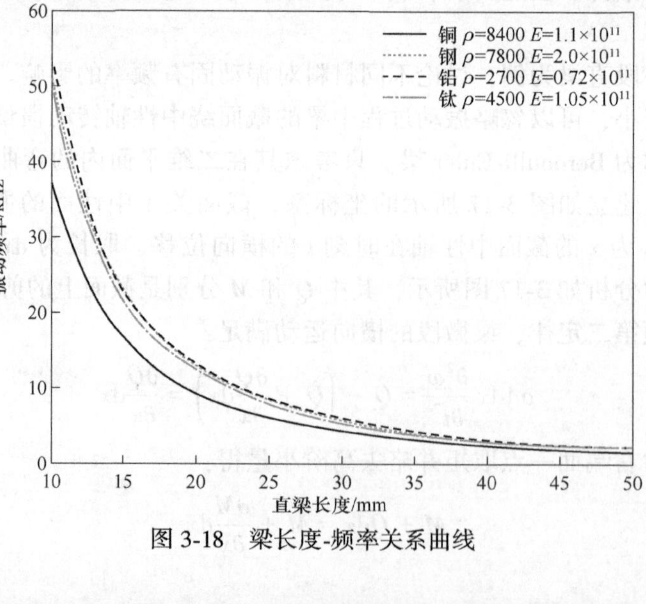

图 3-18　梁长度-频率关系曲线

3.1.6　压电陶瓷的粘贴

3.1.6.1　粘胶材料

超声电机工作在高频状态下，能够适应广泛的工作环境，而振子基体与压电陶瓷片之间普遍采用粘胶材料黏结，因此对黏结剂要求较高：

(1) 高强度，无内应力；

(2) 长寿命、疲劳极限高；

(3) 黏结剂不应明显影响振动体及体系的固有振动频率；

(4) 黏结剂不应损失能量，确保能量有效传递；

(5) 高的热耐久性；

(6) 尽量减小噪声。

基于上述要求，目前在没有专用黏结剂的情况下只能选择代用品，而可供选择的胶种又实在太少。不同工况对黏结剂也有不同的要求。超声电机有行波型、驻波型、大转矩（大功率）、小转矩（小功率）等不同规格，因而工况也不同，对黏结剂的要求不尽相同，尤其大转矩电机用黏结剂，其黏结强度是普通结构胶所不能胜任的，无法在已有的通用胶种中选择代用品。

压电陶瓷与振动体黏结的一个明显要求是：在确保黏结强度足够大的前提下，胶层越薄越好，以保证接地电极与振动体导通，共同处于低电位。

结构黏结剂不仅有较高的剪切强度，又要有足够的耐冲击强度，目前采用的通用配方是：能适应多种规格的超声波电机的一般要求，综合性能良好，但无特殊优点。该配方由环氧树脂、改性氨类固化剂、橡胶型增韧剂和硅烷偶联剂组成。能黏结压电陶瓷与振动体，也能黏结摩擦材料与基板。通用型配方适用面广，但黏结强度并不太高，所以对被粘材料需进行表面处理。

3.1.6.2　粘贴工艺

压电陶瓷层与金属层间的黏结技术是决定超声波电机能否正常工作的关键性技术，胶层中微观的剪切力是使金属层产生微小柔性变形，造成输出力的直接原因。黏结层的强度以及在剪切力作用下的稳定度直接影响到超声电机长时间工作的稳定性和使用寿命。超声电机的定子部分依靠胶层将压电陶瓷层与弹性金属层黏结为一体，动力的形成激励来源于底层的压电陶瓷，利用压电陶瓷的逆压电效应使陶瓷层产生内部的伸张与收缩，上层黏附的金属弹性体在胶层中微观剪切力的作用下与压电陶瓷同步伸张与收缩，进而在金属层表面形成微小的柔性变形。

在压电陶瓷层与弹性体层完成机械加工之后，必须对黏结表面进行物理的或化学的预处理，去除像铁屑、灰尘、油污、氧化物等有害杂质。先用溶剂将黏结表面的部分杂质去除，再用热蒸汽或洗涤剂将黏结表面上的油污去除，接着将表面进行烘干处理，去除表面的水分。在进行预处理之后，将黏结剂用有机溶剂稀释成稀溶液，将其薄薄地涂在接触面上，干化之后要求薄膜的厚度仅为3~5 μm。这层薄膜可以有效地改善胶层的黏结强度，有利于增大后续黏结剂的亲和力。将黏结剂与有机溶剂以适当比例稀释，直到黏结剂的表面张力低于压电陶瓷层和金属层的表面张力为止，这样可以在界面处形成很强的亲和力。也可以酸洗黏结表面，目的是侵蚀掉表面的氧化物或硫化物，用化学的方法在黏结面上人为地产生出凹凸不平，根据机械性黏结机理获得一定的啮合面，增大黏结强度。利用上述方法进行超声波电机定子的黏结，获得性能稳定的超声波电机的试验样机。实践证明，这种黏结工艺是行之有效的。

3.1.6.3　胶层失效原因

具体确定超声电机定子胶层失效原因是很困难的。电机胶层过早失效大多是由于胶层内部应力变化梯度大，导致在弹性体柔性变形时胶层的局部在高频振动下出现破裂。为了解决这个问题，根据小挠度薄板振动理论，在超声电机结构优化设计时，应该考虑将中性层设计在定子的胶层处，使胶层处于无应力区或低应力区，尽可能避免由于上述原因造成胶层的失效。多数电机在定子黏结前，接触面处没有进行表面的预处理，因此，杂质在接触面处与黏结剂混合形成局部的高应力区，造成胶层性能的不稳定，限制了超声波电机的使用寿命。在这种情况下，长时间工作会出现输出力矩下降现象。除此之外，也应当选用合适的黏结剂。

3.1.7　摩擦材料的选取

由于超声电机是通过接触面的摩擦传递驱动力，因而定子与转子接触界面的摩擦磨损特性，以及所用驱动摩擦材料的特性，都能够直接影响其使用寿命和工作性能。

一般电机用摩擦材料应当满足以下基本要求：

(1) 摩擦因数要尽可能地高，以便将振动能高效地转化成回转能；

(2) 耐磨性好，且其对偶件的磨损也很轻微；

(3) 摩擦力不随时间而发生变化，能长期稳定地工作；

(4) 无摩擦噪声，不引起转子和定子的附加振动；

(5) 可以进行精密机械加工，热化学稳定性好。

哈尔滨工业大学研制的聚苯酯塑料合金是一种由塑料与填料共混改性的聚苯酯复合材料，其包含聚四氟乙烯和聚苯酯，并按一定质量百分比来实现：聚四氟乙烯 5%~20%，余量是聚苯酯。聚苯酯具有高度的热稳定性和优越的耐磨性、耐压缩蠕变性和导热性，与聚四氟乙烯共混组成塑料合金，既保留聚苯酯和聚四氟乙烯的一系列特性，又在性能上互补，克服了聚四氟乙烯基超声电机摩擦材料的硬度低、热传导性不足和黏结性能差的缺点。聚苯酯塑料合金具有堵转力矩大、转速高、噪声低、磨损小、硬度高、黏结性好的优点，是一种性能优良的超声电机摩擦材料。

由于电机的微型化，使得振子在小于 80 kHz 超声频率范围内的可用模态较少；压电陶瓷片的布置方式，振子的振型只有在奇数阶时才能满足电机双向运动的设计要求，而在模态低于 9 阶时同一直梁段上两个驱动齿的设计又难于布置，综合以上因素，本书以 9 阶弯曲振型作为振子的工作模态。振子与支撑结构通过柔性铰链连接，实现了振子、支撑的一体化设计，使电机结构紧凑、外形美观。

3.2 方环形振子的动态设计

超声电机是利用压电陶瓷的逆压电效应，并激发定子弹性体的超声振动而工作的。因此，压电陶瓷激发的振动模态必须与定子弹性体固有振动模态相匹配。另外，不同形式的超声电机其工作时的振动模态亦不同。通过超声电机模态分析和计算可获取系统模态参数，进而了解其动态特性，被称为计算模态分析，其突出特点是在设计阶段便可预知系统动态特性。因而振动模态的分析计算对超声波电机的优化设计来说是十分重要的。

本书利用有限元方法，通过 ANSYS 软件对超声电机的振子进行分析，得到振子的各阶模态情况，以及结构参数对振子振型、频率及频率差的影响。结果表明用有限元方法对超声电机定子进行动态设计是一种有效方法，也为进一步研究电机机体的优化、动力匹配和响应奠定了基础。

3.2.1 ANSYS 在超声电机设计中的应用

大多数的工程问题由于实际结构的复杂性，在解析法不适用的情况下，往往采用数值解法。以有限元为代表的数值算法经过几十年的发展完善，已成为工程分析计算中不可或缺的有力工具。有限元法的最大优势就是其解法的通用性，一个问题只要能列出其本构方程，就能利用有限元进行求解。尤其对于一些非线性问题及需要反复迭代求解的问题更能显示出巨大的优越性。

ANSYS 软件是融结构、流体、电磁场、声场和耦合场分析于一体的大型通用有限元软件，其具有强大的有限元分析和优化设计功能。它能与大多数 CAD 软件连接，实现数据的共享和交换。ANSYS 自带的编程语言 APDL 可供用户以 ANSYS 为平台进行二次开发，是强有力的计算工具，其计算结果已成为各类工业产品设计和性能分析的可靠依据。在超声电机的设计研究中，ANSYS 软件受到广大研究人员的青睐，已被广泛地应用于超声电机振子模态设计和优化中。

有限元法是对超声电机振子进行频率、振型分析时最常用的方法。它的优点在于能适应较为复杂的情况，包括振子所受的力和约束边界条件，结构阻尼和不同材料、复杂形状组成的结构等。ANSYS 软件的出现，为对超声电机进行有限元分析、优化设计、可靠性设计、运动仿真、模块化设计等方面的设计提供了一种实现手段。超声电机实际上是超声频域内的振动电机。不管是行波型或驻波型、旋转型或直线型超声电机都是依靠压电陶瓷的逆压电效应来激发起定子在超声域内的共振（振幅为微米级），再通过定子/转子或定子/动子之间的摩擦作用，将其微米级共振振动转换为转子或动子的单方向的宏观转动或直线运动。由此，定子的动态特性（共振频率及其振型）就至关重要。选取超声电机定子的最佳共振频率及其振型，并根据其振型来设计压电陶瓷片的形状及其分区极化的配置是超声电机设计的首要问题。

应用 ANSYS 进行模态分析求解超声电机振子的固有频率和振型，其计算方程是：

$$[M]\{\ddot{x}\} + [K]\{x\} = 0 \tag{3-16}$$

式中　$[M]$ ——质量矩阵；

$[K]$ ——刚度矩阵。

$[K]$ 中的每一个元素都与结构模型中的节点坐标有关，为保证 $[K]$ 能够较好地反映结构的真实刚度，应使所建立的实体模型真实反映模拟结构的几何形状；还应建立一个准确的力学模型，施加外载荷和边界约束条件。

模态分析可以确定超声电机的振动模态、共振频率以及共振时的振型，根据所得结果和期望结果的差异来调整电机结构尺寸并进行支撑设计，对于初步的电机结构设计有很大作用。

利用 ANSYS 软件强大的分析和优化功能，本书设计了多种类型的超声电机，对其运动机理进行了研究，为以后的研究奠定了良好的基础。

3.2.2　基于 ANSYS 的振子有限元分析

3.2.2.1　金属方环的有限元分析

振子的模态分析，经典的解析方法往往需要简化模型，从而使理论模型和实际有很大出入，很难获得精确的结果。而利用有限元方法进行建模、分析、确定振子的结构及振动特性，不仅容易实现，而且能够获得较准确的分析数据。本书在超声电机振子的设计上很大一部分依赖于有限元分析软件 ANSYS 对振子的面内弯曲模态进行数值分析。因此，在单元的选择及各种参数的设置上要力求准确，在对振子进行模态分析和结构优化前，有必要做一些准备工作。

表 3-1 给出了振子的材料参数。弹性体的材料为黄铜，是一种各向同性的材料，对于此种类型的材料有限元分析一般可采用 Solid45、Solid95 两种单元类型。

表 3-1 方环形振子的材料参数

参数	弹性体（含支撑）	压电陶瓷
材料	黄铜	PIC-181
密度/($kg \cdot m^{-3}$)	8400	7850
杨氏模量	1.1×10^{11} Pa	各向异性
泊松比	0.3	

Solid45 是一种用于实体结构分析的 8 节点 6 面体单元，每个节点具有 3 个自由度（x、y、z 方向），如图 3-19（a）所示；Solid95 是一种高阶的用于实体结构分析的 20 节点 6 面体单元，如图 3-19（b）所示，同样也是每个节点具有 3 个自由度，但不同的是对于不规则的实体模型，Solid95 具有更高的精度。

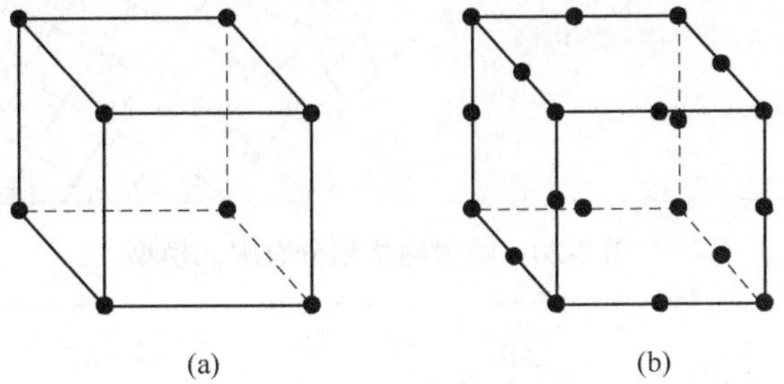

图 3-19 实体模型

（a）Solid45；（b）Solid95

采用有限元法分析要对对象进行离散化处理，即划分单元网格。划分网格的方法一般有两种：映射模式和自由模式。为了比较这两种网格划分模式的差别，图 3-20、图 3-21 分别为用映射（Solid45 单元）、自由（Solid95 单元）两种模式对金属方环划分网格的有限元模型。

表 3-2 列出了振子 B_9 阶振动模态有限元分析的结果。以同样的单元尺度对模型进行网格划分，从表中可以看出用自由模式划分的单元数量是用映射模式划分的 6 倍多，CPU 用时更是高出 20 多倍，既然单元和节点数量均高出许多（这里需要指出当用自由模式划分网格时使用 Solid45 单元，由于缺少中间节点而使计算结果不准确，所以选用 Solid95 单元，因而导致节点数量大增），计算的结果就应该更加精确，但是计算结果（频率 f_1、f_2 和频率差 Δf）的误差都在允许的范围内。因此，对于比较规则的几何模型用映射模式划分网格其优点显而易见。

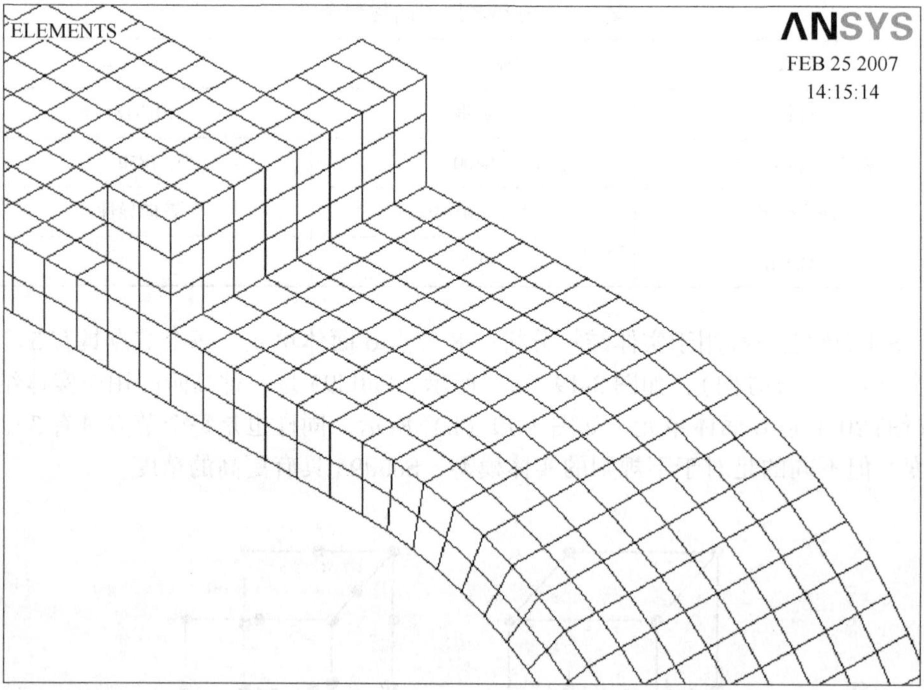

图 3-20　映射网格划分有限元模型

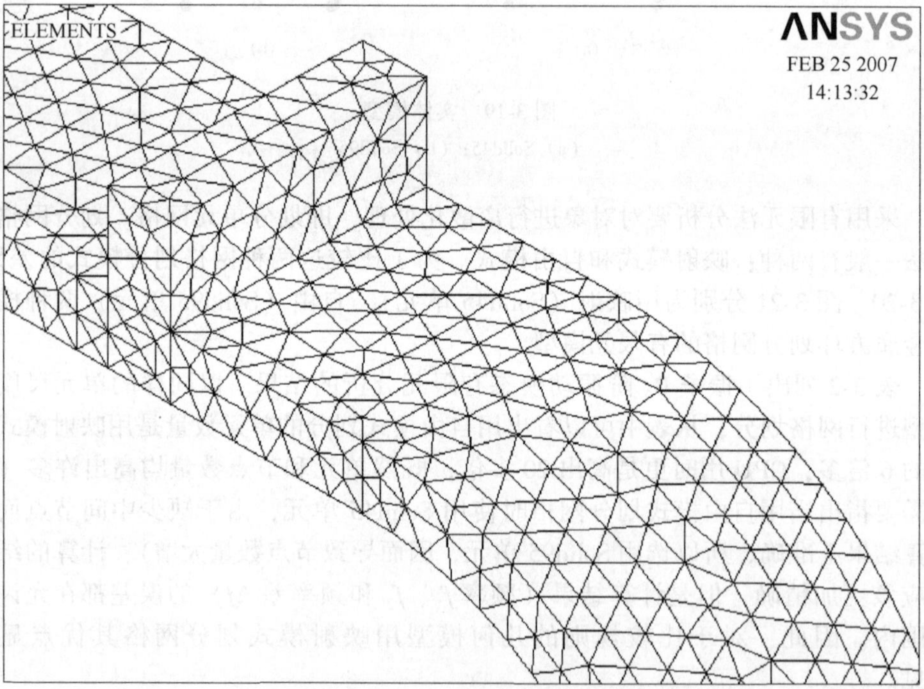

图 3-21　自由网格划分有限元模型

表 3-2 金属方环 B_9 阶模态分析结果

参数	自由网格划分	映射网格划分
单元尺度/mm	0.5	0.5
单元类型	Solid95（20 节点）	Solid45（8 节点）
单元数量	20130	3264
节点数量	36217	5508
CPU 用时/s	1010.77	48.57
f_1/Hz	52881	53681
f_2/Hz	53064	53811
Δf/Hz	183	130

单元尺度大小的选择对计算结果也有一定的影响，那么到底多大的单元尺度才合适呢？单元数量多会很浪费时间，降低工作效率；数量少精度又不够，使得计算结果不够准确。因此，要兼顾两方面取一个合适的单元尺度。

表 3-3 列出了单元尺度与计算时间的关系，当单元大小为 0.3 mm 时计算时间为 279.17 s，是 0.6 mm 时的 7.6 倍，是 0.5 mm 时的 5.7 倍。但计算结果的偏差还是在允许范围内的。因此，在不影响计算结果精度的前提下，又能提高工作效率，最终选用 0.5 mm 作为计算时的单元尺度。

表 3-3 单元尺度-计算时间关系

单元尺度/mm	单元类型	单元数量	节点数量	CPU 用时/s	f_1/Hz	f_2/Hz	Δf/Hz
0.3	Solid45	19040	25500	279.17	53059	53238	179
0.4	Solid45	7800	11440	114.99	53289	53453	164
0.5	Solid45	3264	5508	48.57	53681	53811	130
0.6	Solid45	2464	4224	36.70	53865	53988	123

3.2.2.2 压电陶瓷材料的参数

压电陶瓷片材料性能的优劣，直接关系到整个超声电机性能的好坏。其性能要求很高，要求用“硬性”压电陶瓷材料，即高机械品质因子 Q_m、较小的介质损耗 $\tan\delta$、高功率密度和高机械强度，同时具备“软性”的特点要求，尽可能大的机电耦合系数 K_p 和压电常数，并且应该兼顾时间和温度稳定性。

目前，超声电机主要采用大功率压电陶瓷材料，如 PIC181（德国）、PZT-5H、PZT-4、PZT-8（美国）、PCM-5、PCM-80、PCM-88（日本）等，我国的 P-81 等也具有良好的性能。表 3-4 列出了几种常用的压电陶瓷材料的性能对比。

表 3-4 几种压电陶瓷材料的性能对比

压电陶瓷材料	Q_m	$\tan\delta$/%	d_{33}	K_p
PIC-181	2200		253×10^{-12}	0.551

续表 3-4

压电陶瓷材料	Q_m	tanδ/%	d_{33}	K_p
PZT-8	1000	0.4	225×10^{-12}	0.56
PZT-5H	3400	2.0	550×10^{-12}	0.65
PCM-5	1950	1.5	423×10^{-12}	0.65
PCM-80	1200	0.5	273×10^{-12}	0.58
PCM-88	1950	0.3	351×10^{-12}	0.56
P-81	800	0.5	200×10^{-12}	0.5

本书选用 PIC-181 陶瓷片。对于压电陶瓷材料在有限元分析时选用 Solid5 单元，该单元是一种三维耦合场体单元，具有三维磁场、热场、电场、压电场和结构场分析能力，并能在各场之间实现有限的耦合。本单元有 8 个节点，每个节点最多有 6 个自由度。当极化方向不同时各个压电陶瓷参数矩阵中的各元素有所不同。下面给出了有限元计算时压电材料的参数设置。

(1) 介电常数矩阵 $[\varepsilon^S_{3\times3}]$。

压电陶瓷材料的介电常数以相对介电常数 ε_r 给出：

$$\varepsilon_r = \varepsilon/\varepsilon_0$$

式中 ε_0——真空介电常数，$\varepsilon_0 = 8.854\times10^{-12}$ F/m。

则有：

$$\varepsilon = \varepsilon_r \times \varepsilon_0$$

+y 或 −y 方向极化：

$$[\varepsilon^S] = \begin{bmatrix} 740 & 0 & 0 \\ 0 & 624 & 0 \\ 0 & 0 & 624 \end{bmatrix} \cdot \varepsilon_0$$

+x 或 −x 方向极化：

$$[\varepsilon^S] = \begin{bmatrix} 624 & 0 & 0 \\ 0 & 740 & 0 \\ 0 & 0 & 740 \end{bmatrix} \cdot \varepsilon_0$$

(2) 压电陶瓷的刚度矩阵 $[C^E]$ (N/m²)。

+y 或 −y 方向极化：

$$[C^E] = \begin{bmatrix} 15.23 & 8.547 & 8.909 & 0 & 0 & 0 \\ 0 & 13.14 & 8.547 & 0 & 0 & 0 \\ 0 & 0 & 15.23 & 0 & 0 & 0 \\ 0 & 0 & 0 & 2.830 & 0 & 0 \\ 0 & 0 & 0 & 0 & 2.830 & 0 \\ 0 & 0 & 0 & 0 & 0 & 3.161 \end{bmatrix} \times 10^{10}$$

+x 或 −x 方向极化：

$$[C^E]=\begin{bmatrix}15.23 & 8.547 & 8.909 & 0 & 0 & 0\\ 0 & 13.14 & 8.547 & 0 & 0 & 0\\ 0 & 0 & 15.23 & 0 & 0 & 0\\ 0 & 0 & 0 & 2.830 & 0 & 0\\ 0 & 0 & 0 & 0 & 2.830 & 0\\ 0 & 0 & 0 & 0 & 0 & 3.161\end{bmatrix}\times 10^{10}$$

(3) 压电应力常数矩阵 $[e_{6\times3}]$ [N/(V·m)]。

$+y$ 方向极化：

$$[e_{6\times3}]=\begin{bmatrix}0 & -4.50 & 0\\ 0 & 14.7 & 0\\ 0 & -4.5 & 0\\ 11.0 & 0 & 0\\ 0 & 0 & 11.0\\ 0 & 0 & 0\end{bmatrix}$$

$-y$ 方向极化：

$$[e_{6\times3}]=\begin{bmatrix}0 & 4.50 & 0\\ 0 & -14.7 & 0\\ 0 & 4.5 & 0\\ -11.0 & 0 & 0\\ 0 & 0 & -11.0\\ 0 & 0 & 0\end{bmatrix}$$

$+x$ 方向极化：

$$[e_{6\times3}]=\begin{bmatrix}14.7 & 0 & 0\\ -4.5 & 0 & 0\\ -4.5 & 0 & 0\\ 0 & 11.0 & 0\\ 0 & 0 & 0\\ 0 & 0 & 11.0\end{bmatrix}$$

$-x$ 方向极化：

$$[e_{6\times3}]=\begin{bmatrix}-14.7 & 0 & 0\\ 4.5 & 0 & 0\\ 4.5 & 0 & 0\\ 0 & -11.0 & 0\\ 0 & 0 & 0\\ 0 & 0 & -11.0\end{bmatrix}$$

3.2.2.3　振子动态设计

直线超声电机按驱动部件的固定方式可分为自行式与非自行式。前者，振子本身沿着固定的导轨做往复直线运动；后者，振子固定，动子滑块做直线运动。本书所设计的方环形超声电机振子为微型的环梁式结构，上下直梁段对称布置两组驱动齿，因而适于做成自行式结构。该振子含环形弹性体、驱动齿、压电陶瓷片、柔性铰链及支撑，结构如图 3-22 所示。

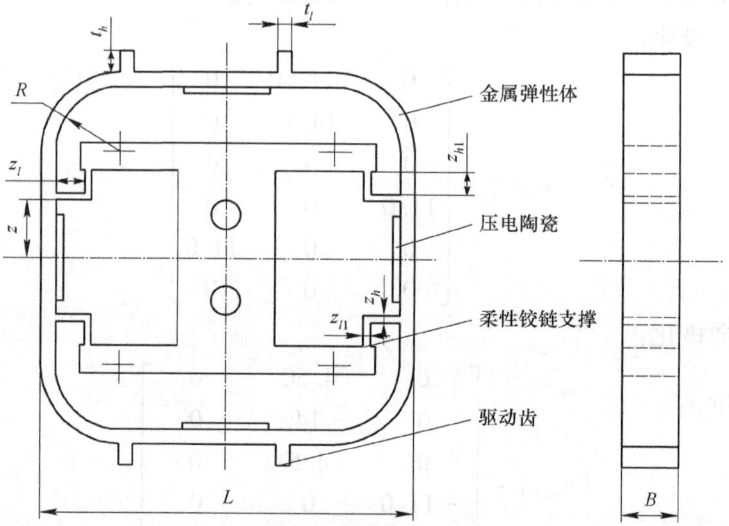

图 3-22　振子结构简图

设计此类振子的关键是寻找固有频率相等（或接近）的两个同阶弯曲振型，并使驱动齿在每一种模态下都处于适宜的几何位置，以实现在同频、同阶模态下完成振子的正、反方向运动。本书利用 ANSYS 软件，通过调节振子各个部分的结构参数，来完成对所选面内弯曲模态频率差最小化的动态设计。经过前面的分析，已经确定了振子的基本结构及工作模态。但是，其结构的具体尺寸、驱动齿的位置、柔性铰链及支撑结构的位置和尺寸、压电陶瓷片的粘贴位置等都需要进一步的优化。最终确定振子各部分的结构几何参数。通常情况下，这种非完全对称结构的振子，同阶的两个弯曲振型对应的两个频率有很大的差异，这就要求在设计过程中，在不影响振型的前提下，调整振子的几何尺寸，来减小频率差。通过有限元分析，最终结果如图 3-23 所示。振子的 9 阶面内弯曲振动模态的两个固有频率分别为 60690 Hz、60694 Hz，频率差为 4 Hz。

图 3-24 为振子 9 阶弯曲模态节点相对位移分布云图，在直梁段诸如 *A*、*B* 点颜色较深的部分其位移接近 0 处是振动波形的驻点，每个压电陶瓷片的位置刚好分别在两个相邻驻点之间（1/2 波长），满足设计要求。最终确定了振子的结构尺寸如表 3-5 所示。

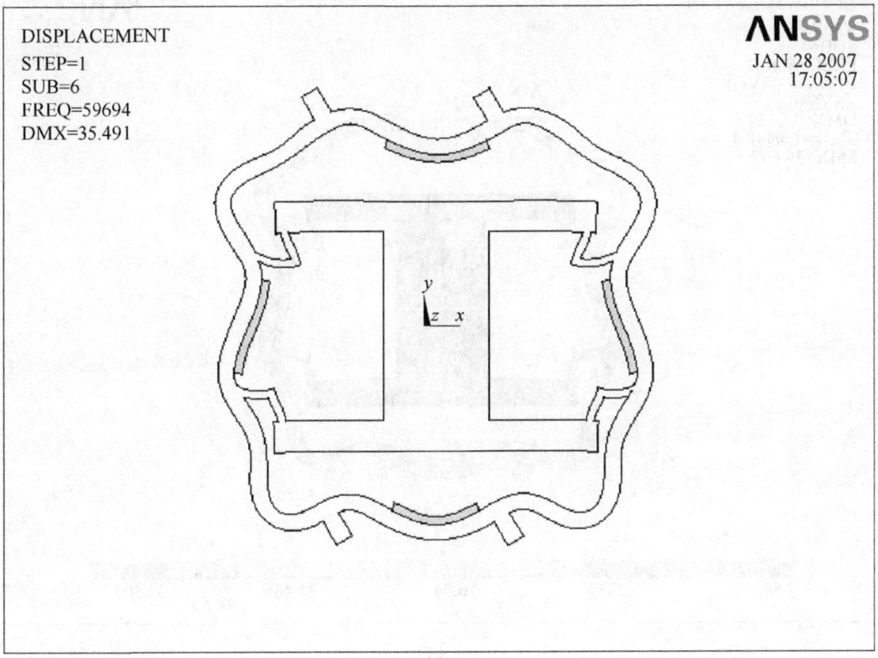

(a)

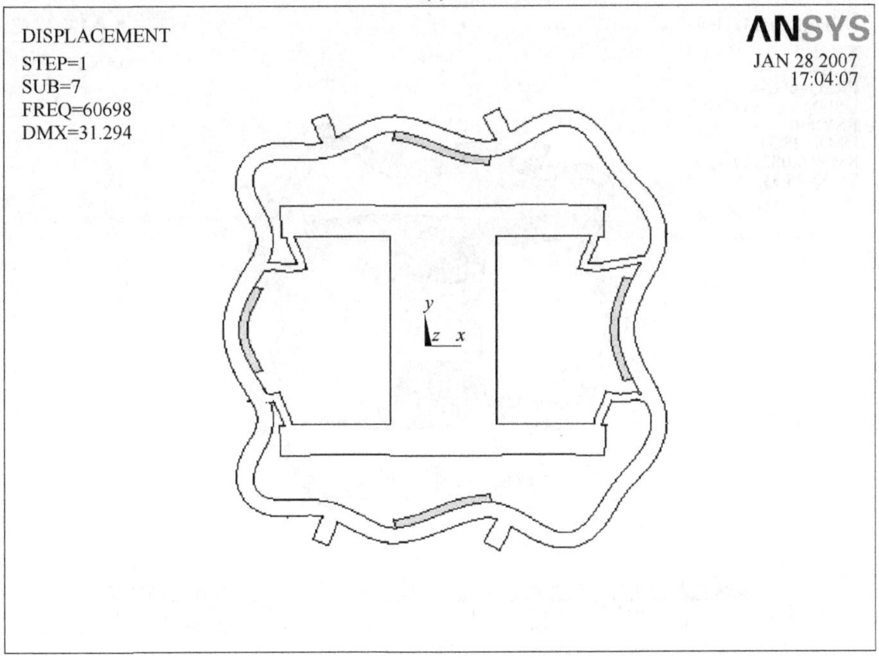

(b)

图 3-23　振子 B_9 阶面内弯曲模态

（a）$f_1=60690$ Hz；（b）$f_2=60694$ Hz

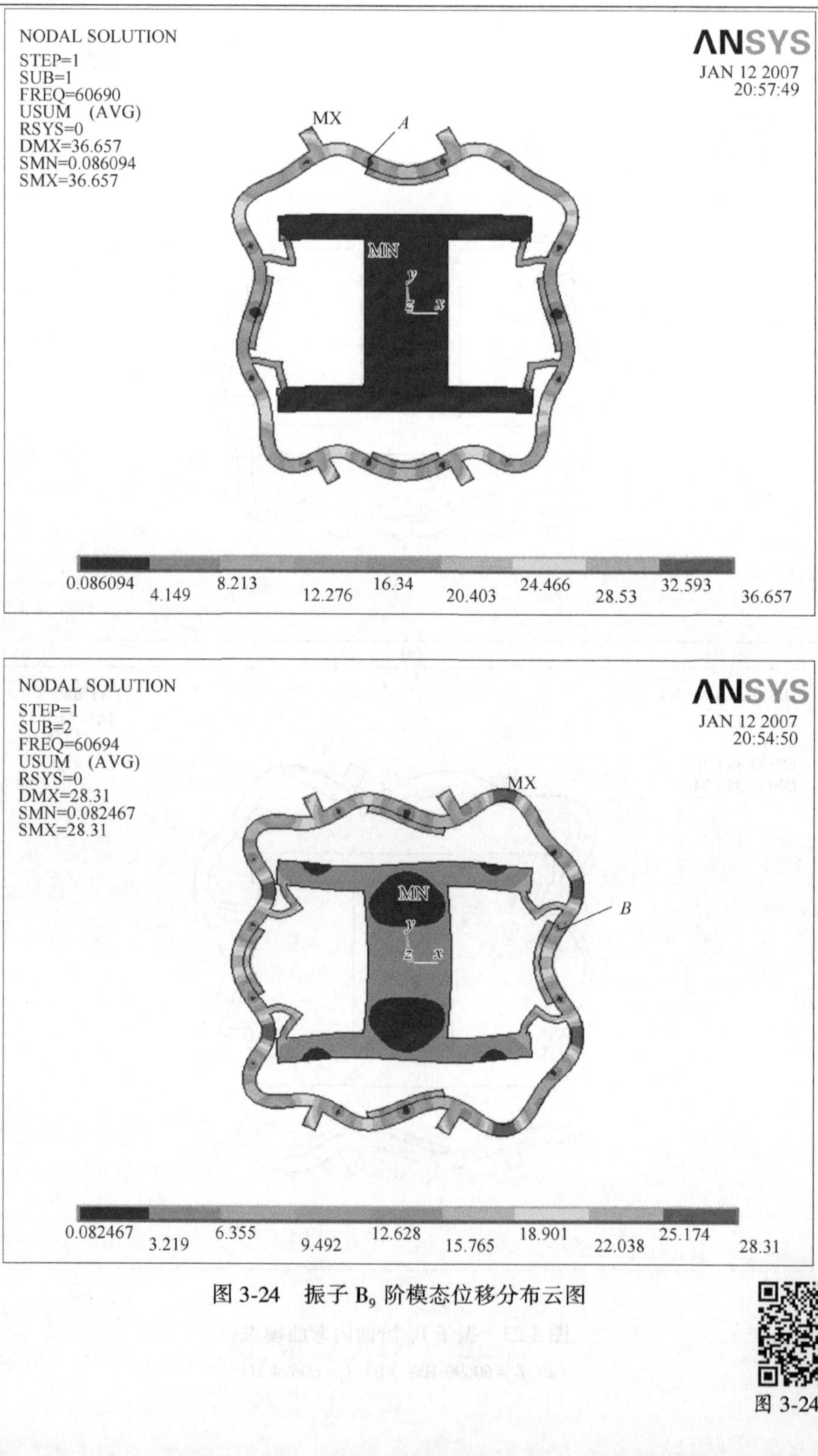

图 3-24　振子 B_9 阶模态位移分布云图

图 3-24 彩图

表 3-5 方环形振子的结构参数 (mm)

弹性体	L	H	B	R	
	26.0	1.0	4.0	4.5	
驱动齿	齿长 t_b	齿厚 t_l	齿高 t_h		
	4.0	1.0	1.5		
柔性支撑	z	z_l	z_h	z_{l1}	z_{h1}
	4.0	2.0	0.5	0.5	1.6
陶瓷片	长 $piez_l$	宽 $piez_b$	厚 $piez_h$		
	6.0	4.0	0.5		

3.2.3 振子结构几何参数对模态的影响

本节主要探讨振子的几何参数对振子 B_9 阶模态的影响，目的是了解振子各结构几何参数的变化趋势对模态的影响，这样在调整尺寸时，就会有的放矢不至于盲目。同时了解振子结构尺寸对模态影响的灵敏度，在加工制作时知道哪些尺度需要严格控制，哪些尺度比较宽松。对今后此种电机的设计与制作具有一定的参考价值。

该振子的基本结构为一带齿方环，通过柔性铰链与支撑结构相连，其结构的主要几何参数有 H、L、R 等（见图 3-22）。下面对该振子的 9 阶弯曲模态进行有限元分析，在保持其他参数不变的情况下，通过调节其中一个参数来观察该参数对模态的影响，调节步长为 0.1 mm。以下对其他参数的调节都遵循上面的原则。下列图中两条曲线重合度越好，说明该参数对频率差的影响越小，设计时尺度就相对宽松；而斜率越大对频率的影响就越大。

（1）方环结构尺寸对模态的影响如图 3-25～图 3-27 所示。

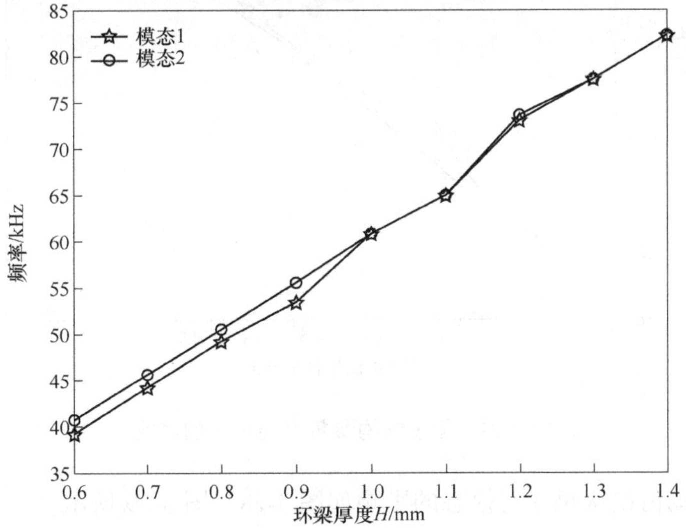

图 3-25 振子结构参数 H 对模态的影响

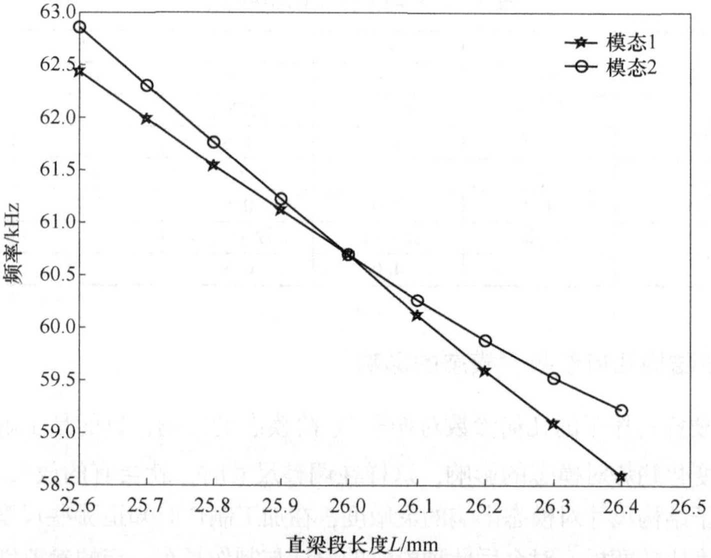

图 3-26　振子结构参数 *L* 对模态的影响

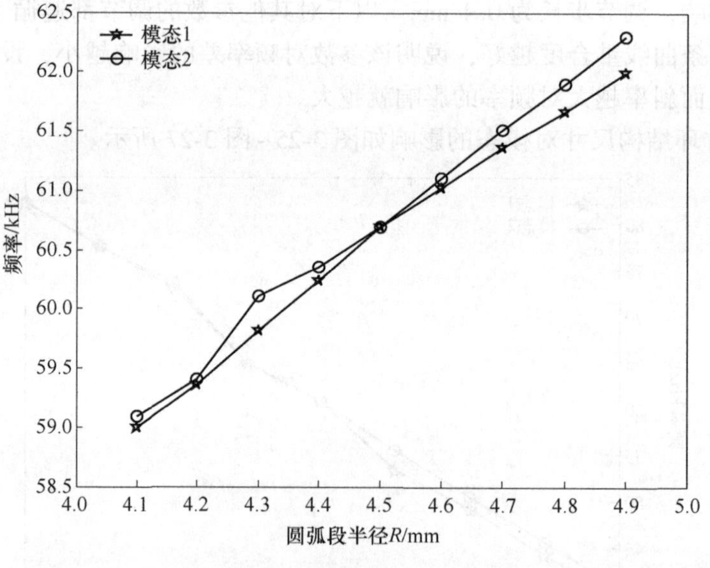

图 3-27　振子结构参数 *R* 对模态的影响

（2）驱动齿结构尺寸对模态的影响如图 3-28、图 3-29 所示。

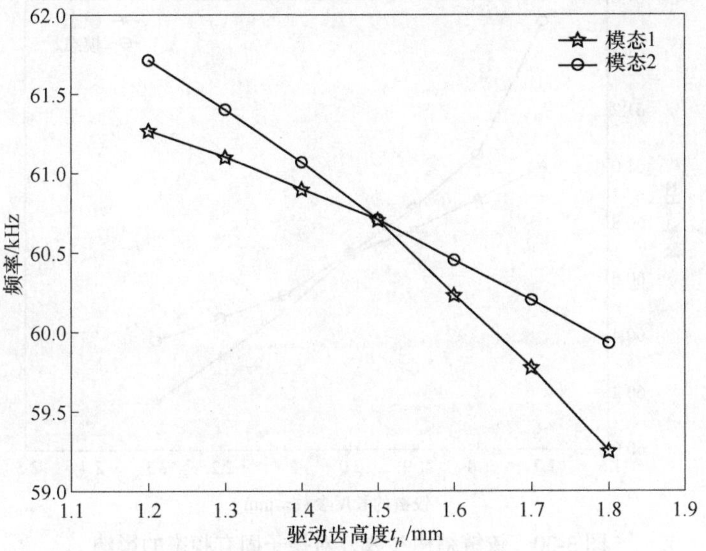

图 3-28 驱动齿的结构参数 t_h 对模态的影响

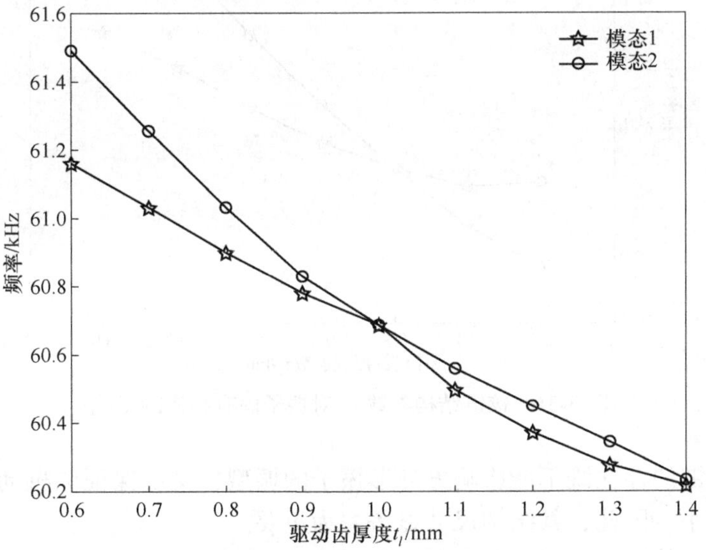

图 3-29 驱动齿的结构参数 t_l 对模态的影响

（3）柔性铰链结构尺寸对振子模态的影响如图 3-30、图 3-31 所示。

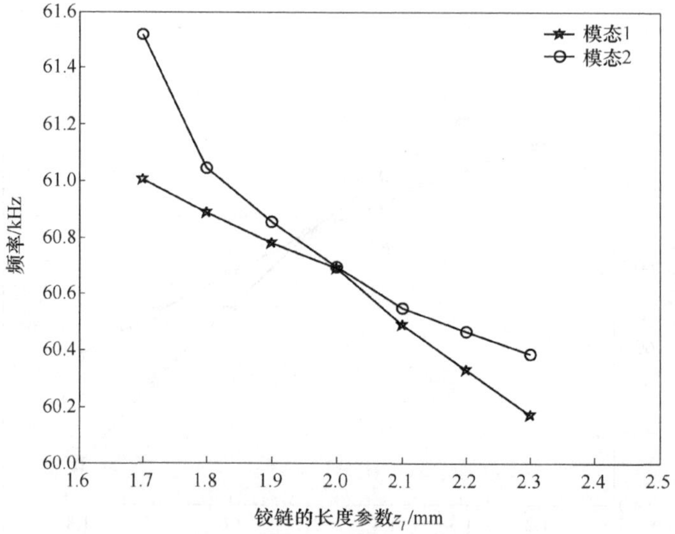

图 3-30　铰链结构参数 z_l 对振子固有频率的影响

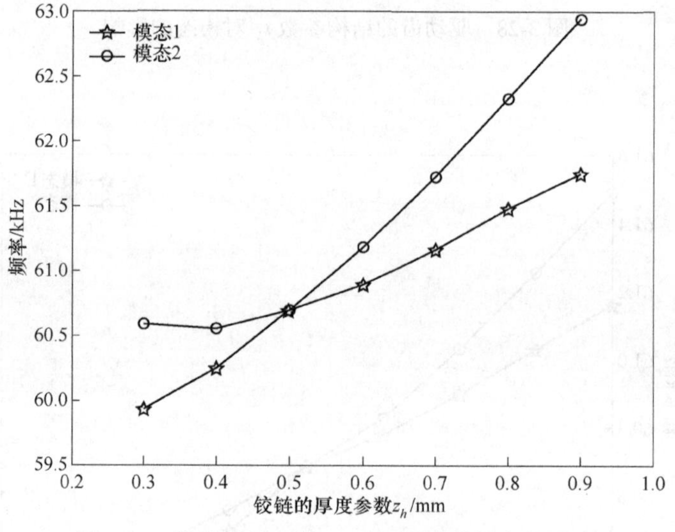

图 3-31　铰链结构参数 z_h 对振子固有频率的影响

柔性铰链的存在既不能影响方环形振子的振型，又要保证电机动力输出的时间延迟足够小。因此，其结构尺寸显得尤为重要。

柔性铰链的结构参数对振子固有频率的影响如图 3-30、图 3-31 所示，柔性铰链的水平长度 z_l 在 1.7~2.3 mm 变化时，最大频率差仅达 0.84%，尽管频率差很小，但由于本书所设计的驻波超声电机需要在同频率下驱动电机正、反方向运动，所以如果在某一方向上不能达到谐振频率，将会影响其正、反方向运动速度的一致性。因此，在设计与加工时也应尽量满足优选的结构参数，保证支撑结构有足够的刚度，以使超声电机启动快、定位精度高，柔性铰链的厚度不宜过小。数值计算结果表明，当柔性铰链的厚度超过 0.8 mm 后振子的振型已发生明显变化，波长变得很不均匀，振幅大小不一，其频率差误差也达到 1.89%。发生这种情况已经严重影响超声电机性能，基本不能工作。由图 3-31 可以看出，支撑结构尺寸 z_h 取 0.5 mm 时，频率差最小。振子的支撑结构参数对电机性能的影响比较大，在设计与加工过程中，应有足够的尺寸偏差限制。

（4）压电陶瓷片尺寸对振子模态的影响如图 3-32、图 3-33 所示。

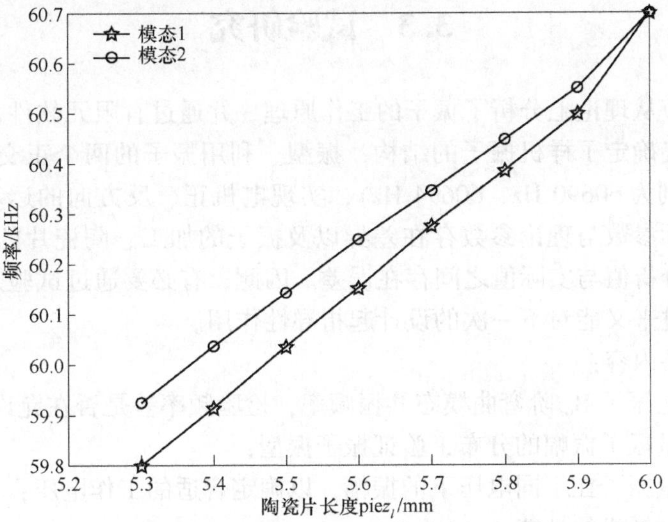

图 3-32　陶瓷片长度 piez$_l$ 对模态的影响

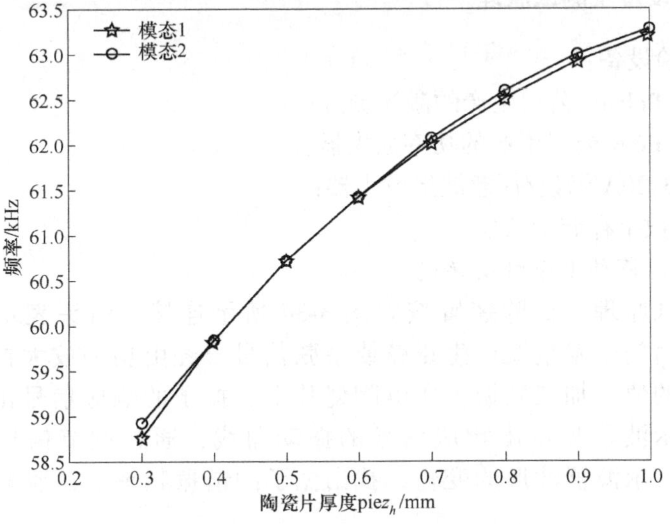

图 3-33　陶瓷片厚度 piez$_h$ 对模态的影响

本节阐述了有限元法在超声电机振子设计中的应用，利用 ANSYS 软件对振子进行了模态分析，确定了振子结构几何尺寸，检验了压电陶瓷片的粘贴位置。同时，探讨了振子的几何参数对振子 B_9 阶模态的影响。方环结构参数 L、H、R 对模态影响的曲线图都基本保持重合，说明对频率差的影响很小；驱动齿和压电陶瓷片的结构参数对频率差的影响也不大，但柔性铰链的结构参数比较敏感。

3.3　试验研究

前面几节从理论上分析了振子的工作原理，并通过有限元软件对其结构进行了优化，最终确定了样机振子的结构，振型。利用振子的两个正交 B_9 阶弯曲模态（频率分别为 60690 Hz、60694 Hz），实现电机正、反方向的运动。但是，由于材料的实际参数与理论参数存在差异以及振子的加工、陶瓷片的粘贴等因素，造成了理论分析值与实际值之间存在误差。因此，有必要通过试验来验证设计的准确性，反过来又能对下一次的设计起指导性作用。

试验主要内容：

（1）确定振子 B_9 阶弯曲模态共振频率，检验频率差是否在允许范围内；

（2）测量振子振幅的分布，验证振子振型；

（3）测量振子在不同电压下的振幅，以确定合适的工作电压；

（4）测试样机的性能。

3.3.1　试验设备及测试原理

（1）试验设备：

1）德国 Polytec 公司生产的激光测振仪；

2）丹麦 B&K 公司生产的功率放大器；

3）HP33120A 函数/任意波形发生器；

4）高频数字存储示波器；

5）自制可移动工作台及导轨。

（2）测试原理。试验装置按如图 3-34 所示连接，箭头表示信号流通路径。首先，由信号发生器产生正弦或余弦信号，经由功率放大器将信号电压放大到合适的值，加载到振子压电陶瓷片上，振子的响应信号由激光测振仪接收，并由示波器显示出响应信号的振动曲线，通过调节信号发生器的频率，同时观察示波器波形的变化，找出振子的谐振频率。试验装置如图 3-35 所示。

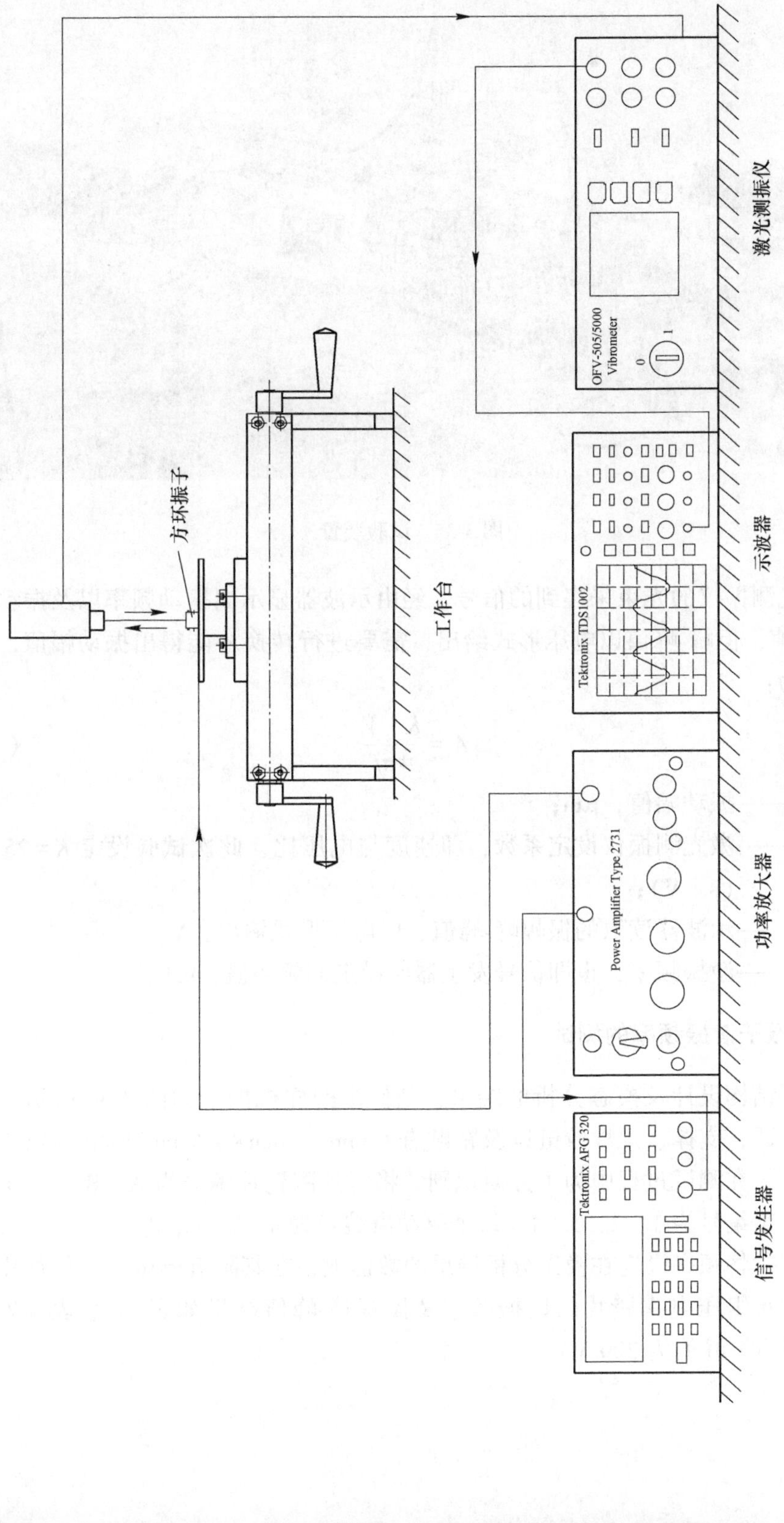

图3-34 试验测试装置连接示意图

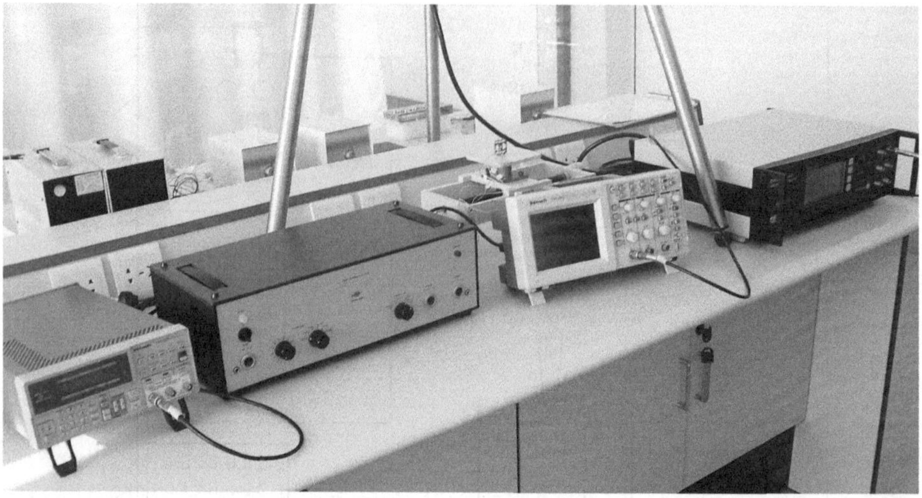

图 3-35　试验装置

激光测振仪的光束采集到的信号，经由示波器显示出振动频率以及振动的振幅峰-峰值，但峰-峰值以电压形式给出，需要进行转换才能得出振动幅值，其转换公式为：

$$A = \frac{K \cdot V}{4\pi f} \tag{3-17}$$

式中　A——振动幅值，μm；

K——激光测振仪设定系数，即速度与电压比，此次试验设定 $K = 25$ mm/(s · V)；

V——示波器读取的振幅峰-峰值，以电压形式输出，V；

f——激振频率，也即信号发生器所设定的频率值，kHz。

3.3.2　振子谐振频率的测试

根据结构设计及模态分析的结果，制作出的样机振子如图 3-36 所示，由带齿金属方环、支撑、柔性铰链以及粘贴有 6 mm×4 mm×0.5 mm 压电陶瓷片的直梁段组成。在测试过程中为了方便识别，将每片陶瓷片编号为 A、B、C、D，其对应的直梁编号为 1、2、3、4，每个驱动齿编号为 a、b、c、d。

测试时将频率设定在模态分析结果的数值上，在其附近调试，测得每片压电陶瓷片和每组压电陶瓷片的谐振频率及振幅峰-峰值结果如表 3-6、表 3-7 所示（激振电压峰-峰值为 200 V）。

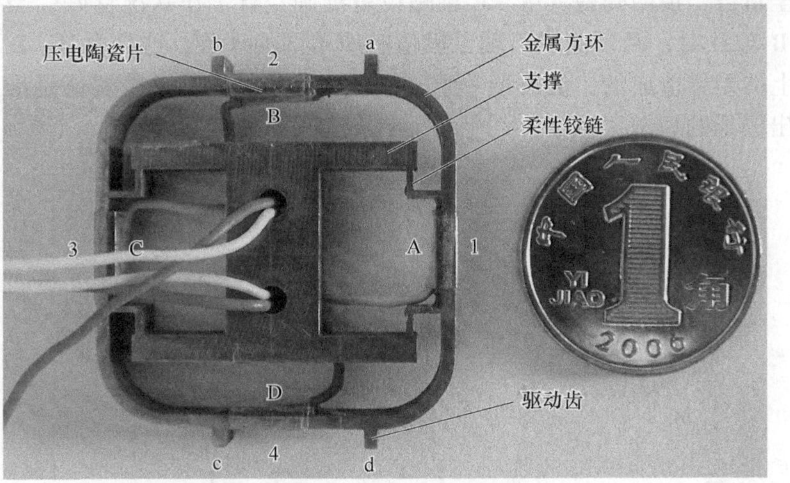

图 3-36 方环形振子

表 3-6 单个陶瓷片的谐振频率 (kHz)

编号	f	K	V_1	V_2	V_3	V_4
A	52.70	25	13.1	13.5	14	13.2
B	53.13	25	10.6	9.8	9.04	9.6
C	52.70	25	12.9	12.1	12.8	12.3
D	53.13	25	10.3	9.8	10.5	9.3

注：V_n 为每个直梁段一个波峰处的峰-峰值，下标 n 代表直梁段编号。

表 3-7 每组陶瓷片的谐振频率 (kHz)

编号	f	K	V_1	V_2	V_3	V_4
A、C 组	52.76	25	21.6	20.6	22.4	18.1
B、D 组	52.55	25	22.1	17.8	20.2	19.0

注：V_n 为每个直梁段一个波峰处的峰-峰值，下标 n 代表直梁段编号。

从表 3-6 和表 3-7 中看出试验测得的共振频率与理论值有一定的出入，频率差为 210 Hz。其主要原因是：利用有限元软件对振子进行模态分析以及结构优化时，有限元网格的大小对频率的影响很大，以及材料参数等问题。另外，本书在分析时忽略了粘胶层对振子模态的影响，这些因素导致了计算结果有一定的偏差。将表 3-7 中的 V_n 值代入式（3-17）得出各个直梁段的最大振幅在 0.67~0.85 μm。

为了检验每片压电陶瓷片的工作情况，下面以直梁段 3 为测试对象，分别对每片压电陶瓷片以其共振频率激振，测得 3 号直梁段振幅分布结果如图 3-37、图 3-38 所示。当激励压电陶瓷片 A 与激励压电陶瓷片 C 时，其两条振幅分布曲线几乎完全重合，说明陶瓷片 A、C 粘贴位置准确，且工作状况良好。当分别激励陶瓷片 B 与 D 时，两条曲线出现了极值有所不同的现象，这是由 B、D 两片陶瓷片性能上的差异造成的，但波型一致，说明了陶瓷片的粘贴位置还是准确的，能够激发出振子的理想振型。

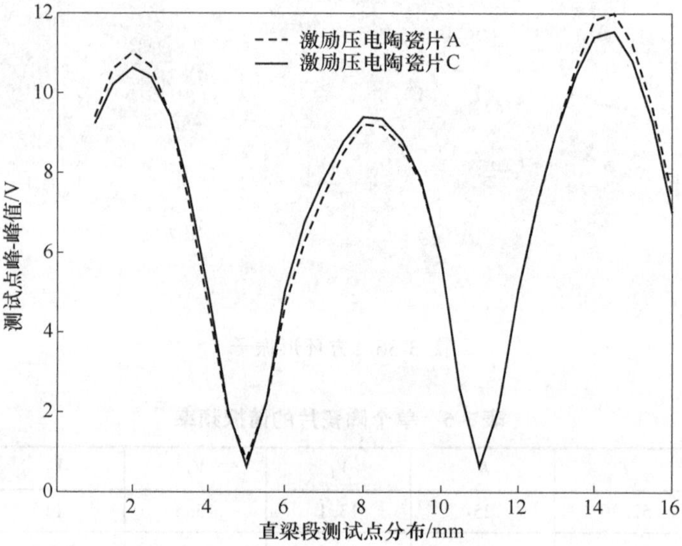

图 3-37　直梁段振幅分布（激励压电陶瓷片 A、C）

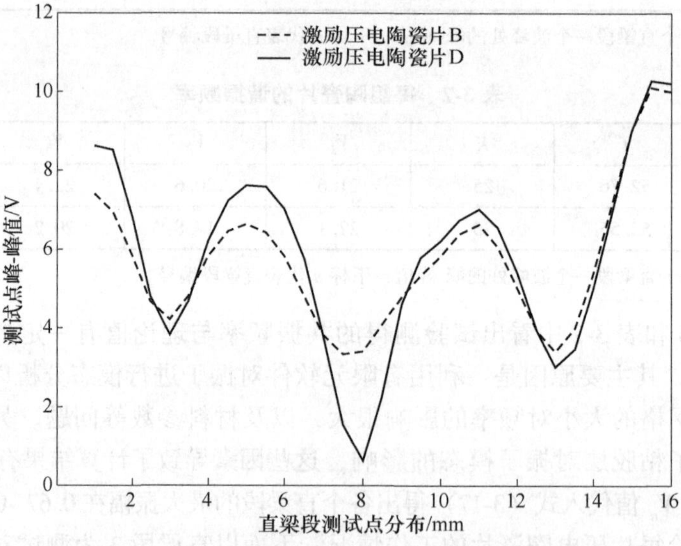

图 3-38　直梁段振幅分布（激励压电陶瓷片 B、D）

（1）振子幅-频特性。试验测得振子 B_9 阶模态的两个共振频率的频率差为 210 Hz，要想实现同频下驱动电机正、反的方向运动从数值上看可能会有麻烦。为了证实这个问题是否真的存在，下面对振子的幅-频特性进行测试。

图 3-39 所示为振子 3 号直梁段峰值点的振幅与频率关系曲线，从图中不难看出两条幅-频特性曲线的峰值点都比较光滑，共振频率的带宽比较宽，在频率 52.5 kHz 与 53.0 kHz 之间的某个频率值能使振子的两个模态同时达到共振，也就是说上面所担心的问题在实际中是能够解决的。

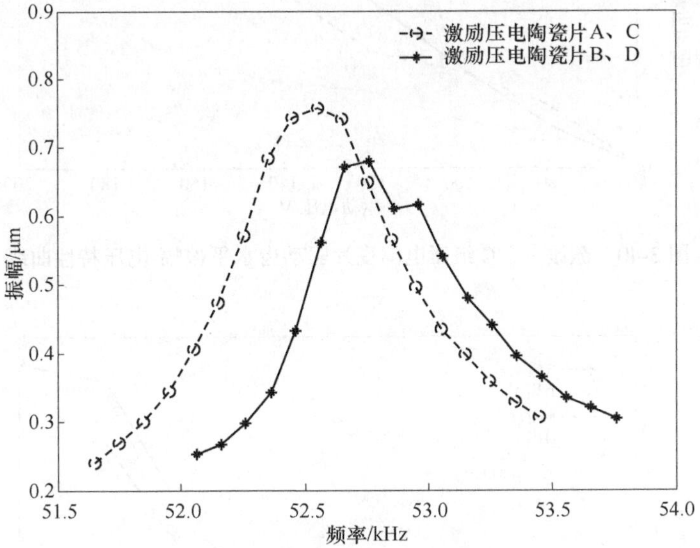

图 3-39 幅-频特性曲线

（2）驱动齿振幅测试。本书设计的超声电机的压电振子依靠驱动齿与导轨之间的摩擦力驱动。因此，每个驱动齿工作状况的好坏对电机的性能有着重要的影响。而衡量驱动齿工作好坏的标准是其水平方向振幅的大小，在频率相同的条件下，水平振幅越大，驱动效果越好，电机的速度也就越快。

如图 3-40、图 3-41 所示，当激励 A、C 组陶瓷片时，d 驱动齿水平振幅相对较小，且随着电压的升高，其幅值变化的幅度也很小。造成这种现象的原因是由加工误差使驱动齿的位置有微小变动引起的。另外，由于材料的不均匀性也可能造成这种现象。但是，激励 B、D 组陶瓷片时，每个驱动齿的工作状况均良好，经分析得出的结论是：由于两个模态的波长不一致，造成驱动齿 d 在两个模态下相对于波峰（波谷）的位置有所不同，所以产生了这种现象。

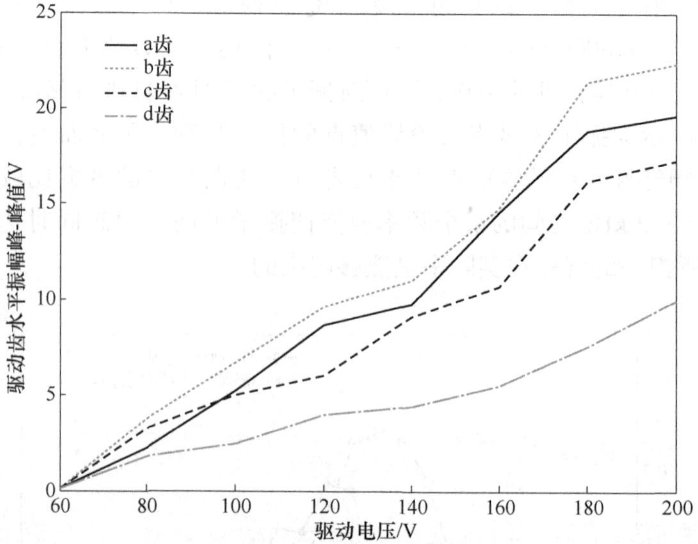

图 3-40　激励 A、C 组压电陶瓷片驱动齿水平振幅-电压特性曲线

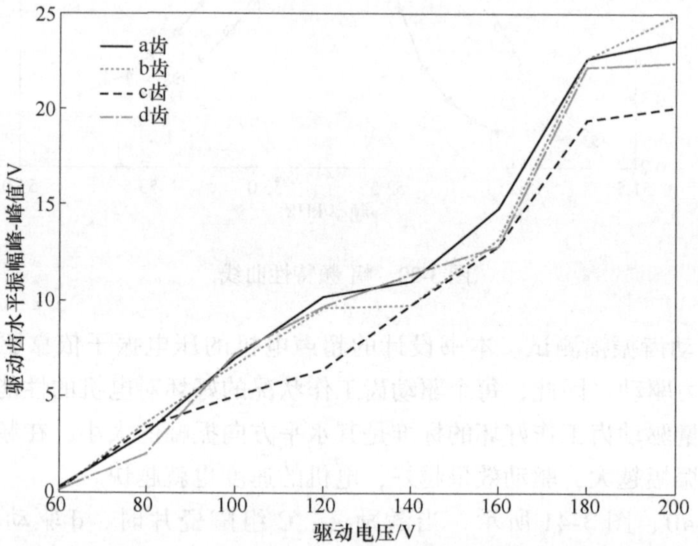

图 3-41　激励 B、D 组压电陶瓷片驱动齿水平振幅-电压特性曲线

3.3.3　振型检测

为了验证振型是否与预想的一致，需要对振型进行检测。由于试验条件的限制，只有通过测试直梁上振幅分布来确定振型。图 3-42 所示为振子 B_9 阶弯曲模

态的有限元数值分析结果。如果振子设计成功，当以频率 52.76 kHz 激励压电陶瓷片 A、C 时振子将会产生如图 3-42（a）所示的弯曲振型，当以频率 52.55 kHz 激励压电陶瓷片 B、D 时振子将产生如图 3-42（b）所示的弯曲振型。

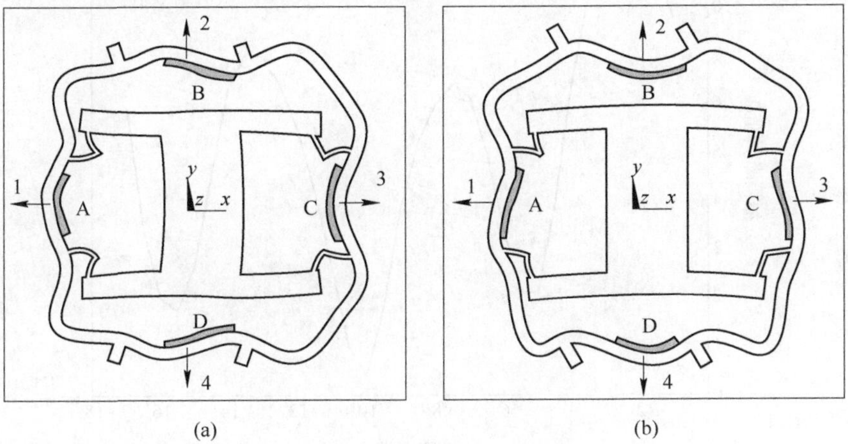

图 3-42 振子 B_9 阶弯曲振型

（a）激励压电陶瓷片 A、C；（b）激励压电陶瓷片 B、D

以电压 100 V（峰-峰值）、频率 52.76 kHz 的交变信号和频率 52.55 kHz 的交变信号分别激励压电陶瓷片组 A、C 和激励压电陶瓷片组 B、D，则振子各直梁段振幅分布如图 3-43、图 3-44 所示。

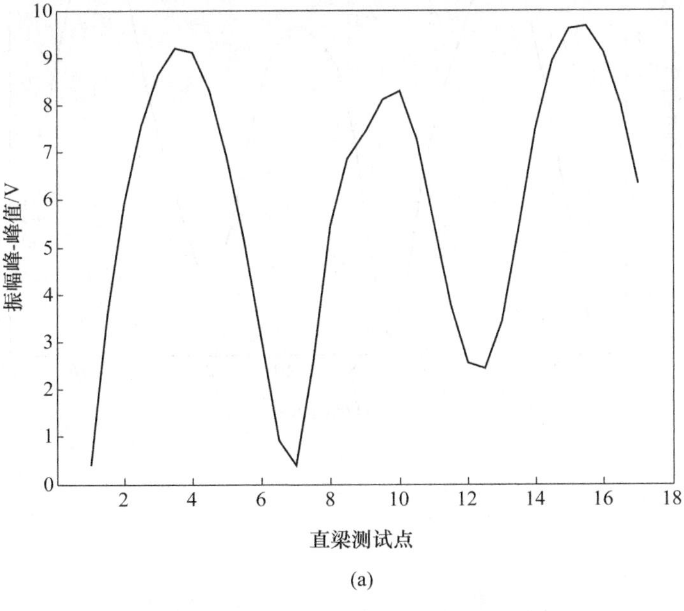

(a)

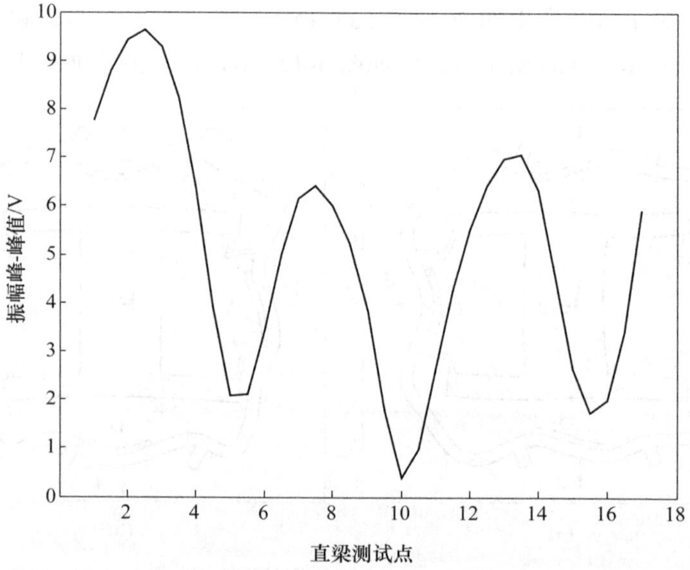

(b)

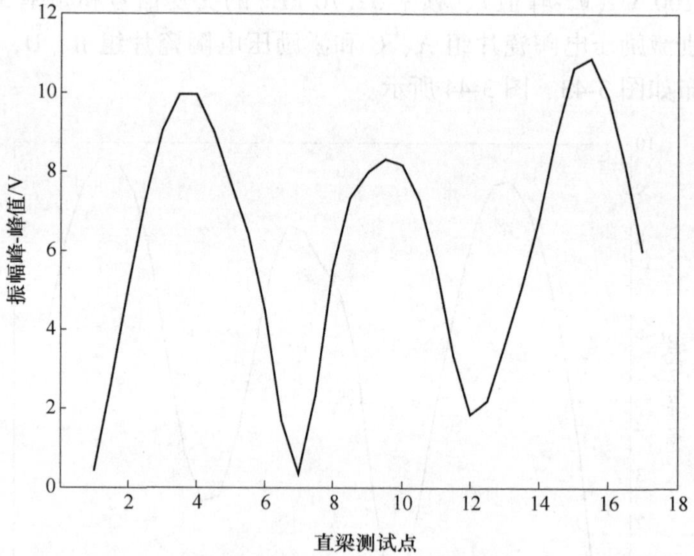

(c)

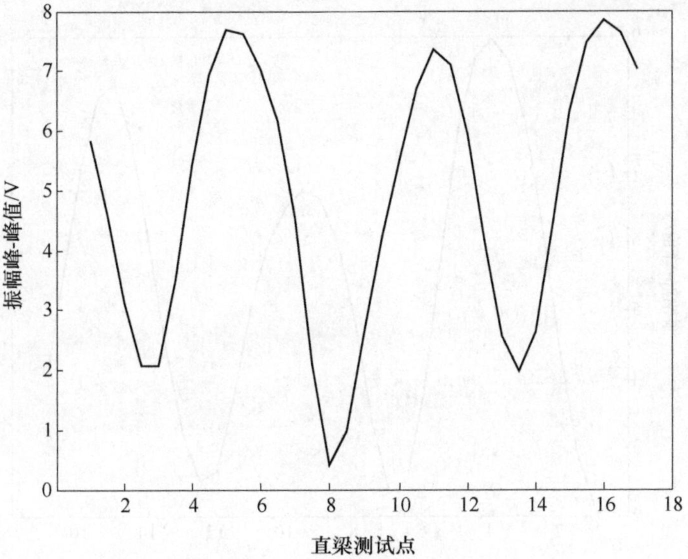

(d)

图 3-43　激励 A、C 组压电陶瓷片各直梁段振幅分布

（a）1号；（b）2号；（c）3号；（d）4号

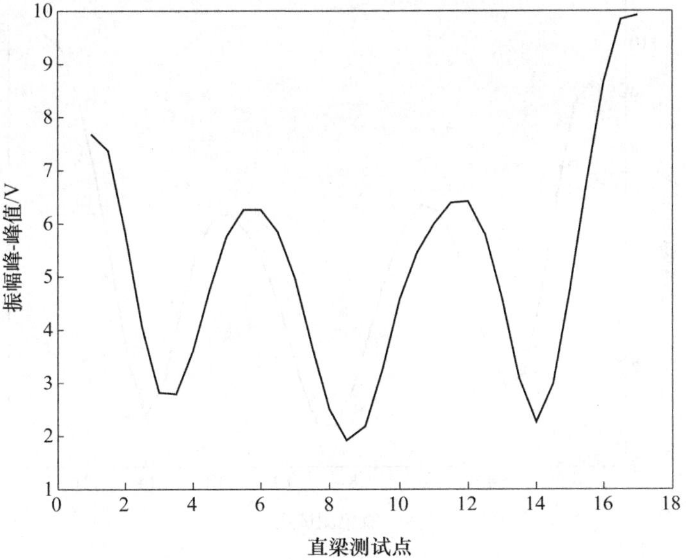

(a)

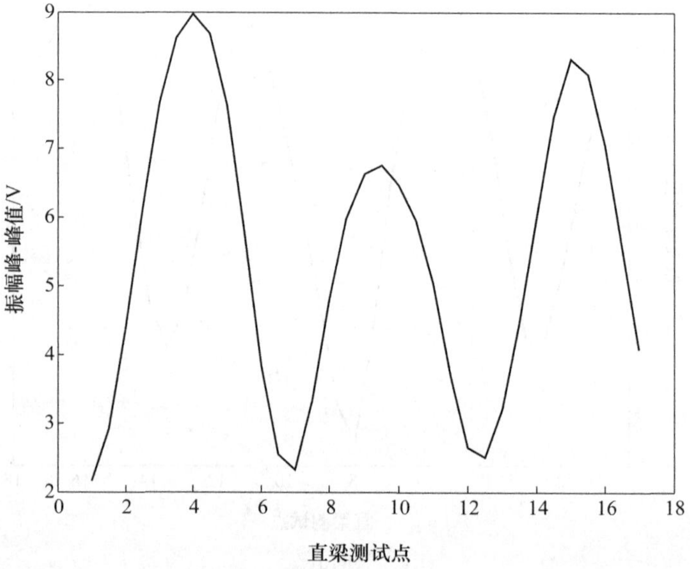
振幅峰-峰值/V
直梁测试点
0
2
4
6
8
10
12
14
16
18
2
3
4
5
6
7
8
9

(b)

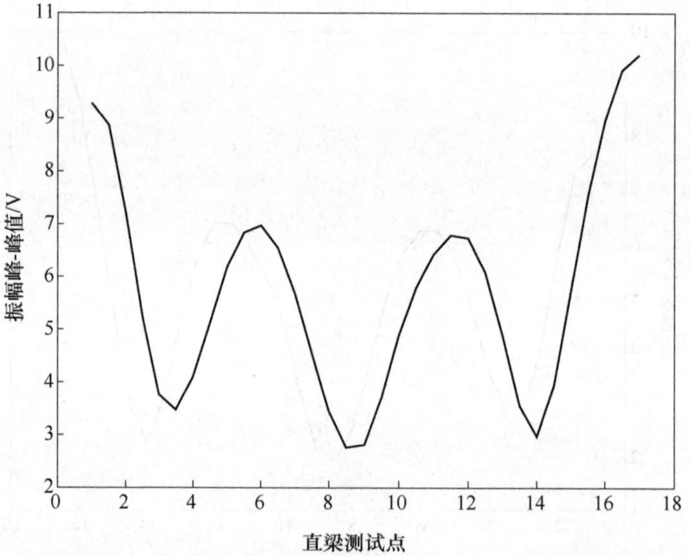
振幅峰-峰值/V
直梁测试点
0
2
4
6
8
10
12
14
16
18
2
3
4
5
6
7
8
9
10
11

(c)

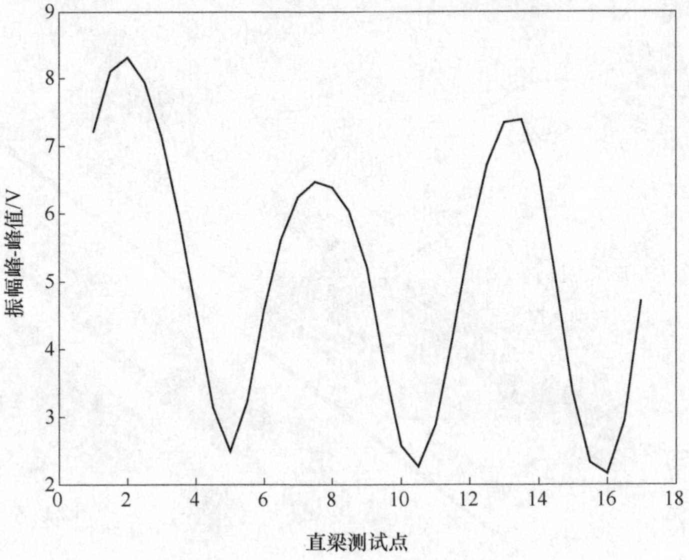

(d)

图 3-44 激励 B、D 组压电陶瓷片直梁段振幅分布

(a) 1号；(b) 2号；(c) 3号；(d) 4号

通过曲线图 3-43、图 3-44 与振型图 3-42 的对照，不难发现每个直梁段的振幅分布曲线与有限元分析的振子振型完全一致，且每条曲线的波峰与波峰（波谷与波谷）之间的距离都约为 6 mm，等于 1/2 波长。因此，可以证明此振型与设计振型一致。

3.3.4 原理样机性能测试

图 3-45 所示为方环形直线驻波超声电机的原理样机，导轨由实验室自制，振子通过螺栓与下面的移动支撑固定，另外通过螺栓还可以外接负载，通电后振子带动支撑沿着导轨做直线运动。

图 3-46 所示为电机在空载状态下正、反两个方向速度与激励电压关系曲线，由于导轨的设计对加工精度要求过高，对于现有的加工条件很难实现，以及耐磨材料的缺乏，这些因素给电机性能的测试带来一定的影响，造成了曲线斜率有负值的出现。从图 3-46 中可以看出，激励 B、D 组陶瓷片时速度随电压的变化比较缓慢，这是由于激励 B、D 组陶瓷片时驱动齿是交替工作的，随着电压的升高这一缺点也被随之放大，不过在以曲线交点处的电压值激励振子时，还是能够获得相同速度的正、反方向运动。图 3-47、图 3-48 所示分别为电机负载和速度关系曲线、功率和速度关系曲线。

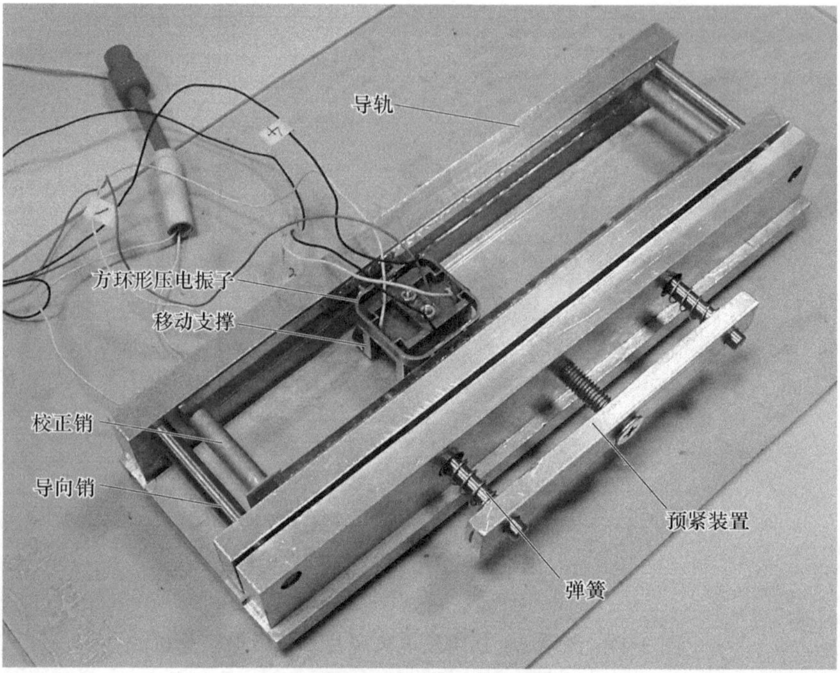

图 3-45　方环形直线超声电机原理样机

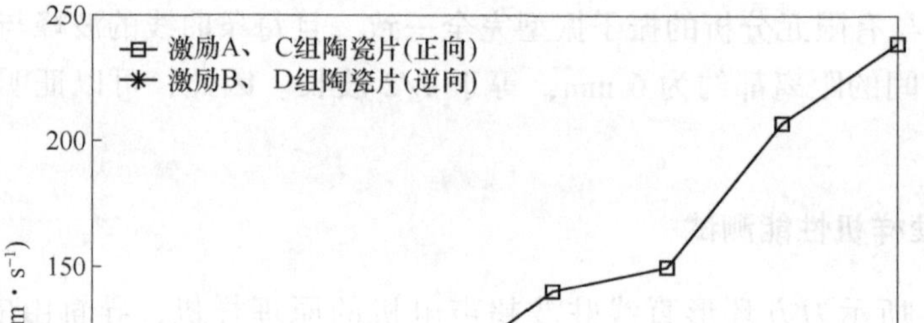

图 3-46　电压-速度特性曲线

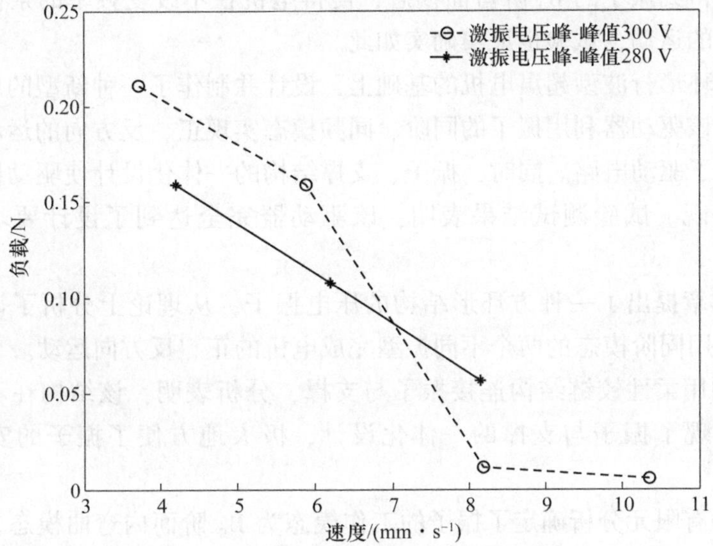

图 3-47 负载-速度特性曲线（一侧驱动齿）

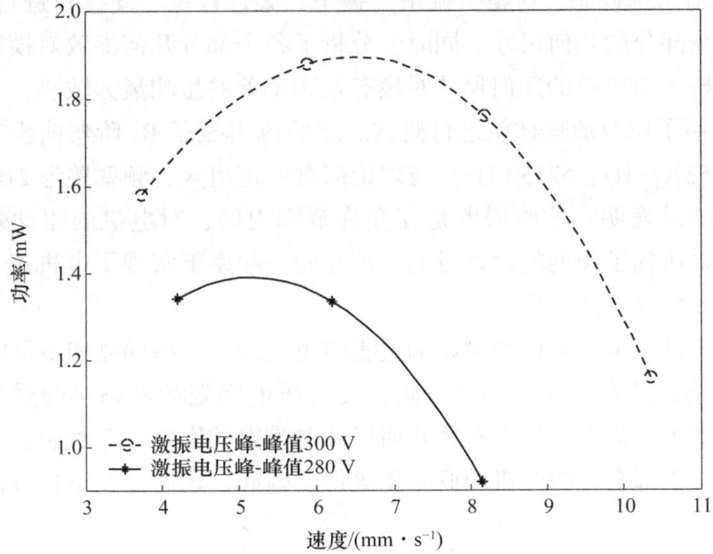

图 3-48 功率-速度特性曲线

通过试验测试，测得振子 B_9 阶弯曲模态的共振频率分别为 52760 Hz，52550 Hz，频率差为 210 Hz。共振频率的实际值与理论计算值之间有一定出入，但在测试中发现：在共振频率左右调节频率时振子振幅变化并不敏感，在这一范围内的频率值都能够激发出较高振幅的振动。因此，在以其两共振频率之间的频率激励振子时，同样能得到振子的 B_9 阶弯曲模态，使得电机在不改变频率的条件下实现了正、反方向的运动，试验也证实确实如此。

本章在环形行波型超声电机的基础上，设计并制作了一种新型的压电直线精密驱动器，该驱动器利用振子的同阶、同频模态实现正、反方向的运动，在一定程度上简化了驱动电路。同时，振子、支撑结构的一体化设计使驱动器的结构紧凑，外形美观。试验测试结果表明：该驱动器完全达到了设计要求，且运动平稳。

（1）本章提出了一种方环形结构的压电振子，从理论上分析了该振子的工作原理，利用同阶模态的两个不同振型完成电机的正、反方向运动。

（2）利用柔性铰链结构连接振子与支撑，分析表明：该结构在不影响模态的情况下实现了振子与支撑的一体化设计，极大地方便了振子的安装及力的输出。

（3）经有限元分析确定了振子的工作模态为 B_9 阶面内弯曲模态，该阶模态两个振型的固有频率分别为 60690 Hz、60694 Hz，频率差为 4 Hz，从设计上实现了振子同阶、同频的要求。

（4）针对所选模态，对整个振子（振子、柔性铰链、支撑）进行动态设计，最终确定各个部分的几何尺寸。同时，分析了各个部分几何参数对模态的影响及灵敏度，分析表明铰链的几何尺寸对模态及频率差的影响最为敏感。

（5）对振子以及原理样机进行测试。试验测得振子 B_9 阶弯曲模态共振频率的实际值（52760 Hz、52550 Hz）与理论值有一定出入，频率差为 210 Hz。但对样机的测试结果表明：这些误差是在允许范围内的，对电机的驱动效果影响很小。试验结果达到了预期的设计目的，即在同一频率下实现了电机正、反方向的运动，且速度可以达到一致。

另外，在设计加工和试验测试的过程中也发现了一些问题和不足之处：

（1）结构设计本身存在一些缺陷，使得压电陶瓷的粘贴空间受到限制，功率难以有较大幅度提升；另外有些几何尺寸对模态的影响过于敏感，给加工制作带来困难。这些都会影响电机的商品化进程。因此，还需要在结构方面做进一步的优化设计。

（2）试验测试方法和手段单一，许多数据无法测试，还需要建立更完善的测试系统，使测试内容更全面，结果更准确可靠。

4 H 形直线超声电机

4.1 H 形弹性体的振动模态

直线超声电机主要由定子和动子两部分构成，利用压电材料的逆压电效应激发弹性体（定子）各种振动模式，进而驱动动子做直线运动。从目前各种直线超声电机的驱动原理来看，行波型直线电机主要是在环形梁或直梁激发两列驻波合成一列行波，在弹性体质点表面产生椭圆运动来驱动动子。驻波直线超声电机主要在驱动齿质点激发斜直线运动轨迹，或依靠模态叠加在驱动齿质点形成椭圆运动轨迹，进而驱动动子做直线往复运动。本节对 H 形弹性体的几类振动模态进行分析，为电机的模态设计提供理论依据。

4.1.1 杆/梁的振动理论

H 形振子是利用其两侧直梁的纵、弯复合模态作为工作模态驱动动子运动的，因此，有必要讨论梁、杆的纵弯振动的解析解。

4.1.1.1 梁的弯曲振动

本节用解析法分析等截面直梁的弯曲振动。所谓直梁是指梁未变形时各截面形心的连线（即轴线）是直线，还假设梁具有对称平面，且在弯曲振动中梁的轴线（以下称为挠曲线）始终保持在这一对称平面内。取梁未变形时的轴线方向为 x 轴（向右为正），取对称面内与 x 轴垂直的方向为 y 轴（向上为正），如图 4-1 所示。梁在弯曲振动时，其挠曲线随时间而变化，可表示为：

$$y = y(x,t) \tag{4-1}$$

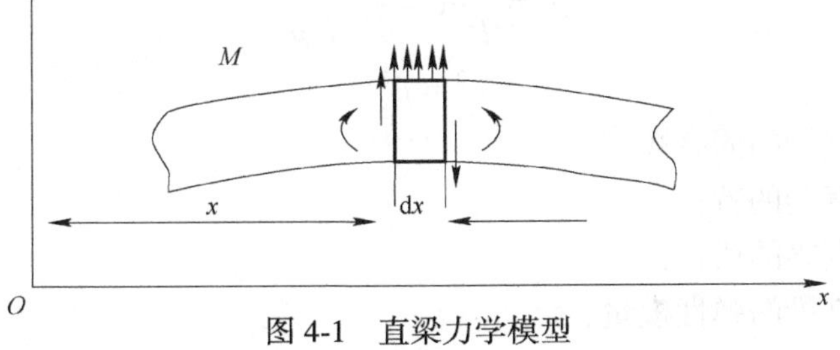

图 4-1　直梁力学模型

在上述坐标系中，梁的挠曲线的微分方程可表示为：

$$EI\frac{\partial^2 y}{\partial x^2} = M \tag{4-2}$$

应用材料力学中的梁弯曲的简化理论可推得梁的挠曲线的微分方程为：

$$\frac{\partial^4 y}{\partial x^4} + \frac{1}{\alpha^2}\frac{\partial^2 y}{\partial t^2} = 0 \tag{4-3}$$

$$a^2 = \frac{EI}{\rho}$$

式中　E——弹性模量；

I——截面惯性矩；

EI——梁的弯曲刚度；

ρ——梁单位长度的质量。

为求解上述偏微分方程的边值问题，可采用分离变量法。式（4-3）的解可表示为：

$$y(x,t) = X(x)Y(t) \tag{4-4}$$

将式（4-4）代入到式（4-3）中，可解得：

$$X(x) = C_1 ch\beta x + C_2 sh\beta x + C_3 \cos\beta x + C_4 \sin\beta x \tag{4-5}$$

$$Y(t) = A\sin pt + B\cos pt \tag{4-6}$$

$$\beta^2 = \frac{p}{\alpha}$$

式中　p——常数。

式（4-4）最终可表示为：

$$y(x,t) = (A\sin pt + B\cos pt)(C_1 ch\beta x + C_2 sh\beta x + C_3 \cos\beta x + C_4 \sin\beta x) \tag{4-7}$$

式中　A，B，C_1，C_2，C_3，C_4——积分常数，取决于梁的边界条件。

由自由梁的边界条件

$$X''(0) = X'''(0) = 0 \tag{4-8}$$

$$X''(l) = X'''(l) = 0 \tag{4-9}$$

推出等截面梁固有频率的解析式为：

$$p_i = \frac{\lambda_i^2}{l^2}\alpha = \frac{\lambda_i^2}{l^2}\sqrt{\frac{EI}{\rho}}$$

$$\lambda_i^2 = \beta_i^2 l^2 \tag{4-10}$$

式中　p_i——直梁的固有频率；

λ_i——直梁的特征根；

l——直梁的梁长；

E——直梁的弹性模量；

I——直梁的截面惯性矩；

ρ——梁单位长度的质量。

确定直梁的边界条件为两端自由。由频率解析式（4-10）可知，可以通过改变直梁的长度获得不同频率的振型。

自由梁的特征根是：

$$\lambda_i \approx \left(i + \frac{1}{2}\right)\pi,\ i \geqslant 2 \tag{4-11}$$

由式（4-10）变换，得：

$$l = \sqrt{\frac{\lambda_i^2}{p_i}\sqrt{\frac{EI}{\rho}}} \tag{4-12}$$

由材料力学可知，$I=bh^3/12$，$\rho=m/l$，代入式（4-12）得：

$$l = \sqrt{\frac{\lambda_i^2 h}{p_i}\sqrt{\sqrt{\frac{E}{12\rho}}}} \tag{4-13}$$

由式（4-13）可得梁弯曲振动的固有频率与梁长的关系，通过调整梁的长度和厚度，可控制某一阶弯曲振动模态固有频率。

4.1.1.2　杆的纵向振动

本节讨论理想弹性体等截面细直杆的纵向振动，如图 4-2 所示，假设杆的横截面在振动时仍保持为平面做整体运动，并忽略杆的纵向伸缩引起的横向变形。

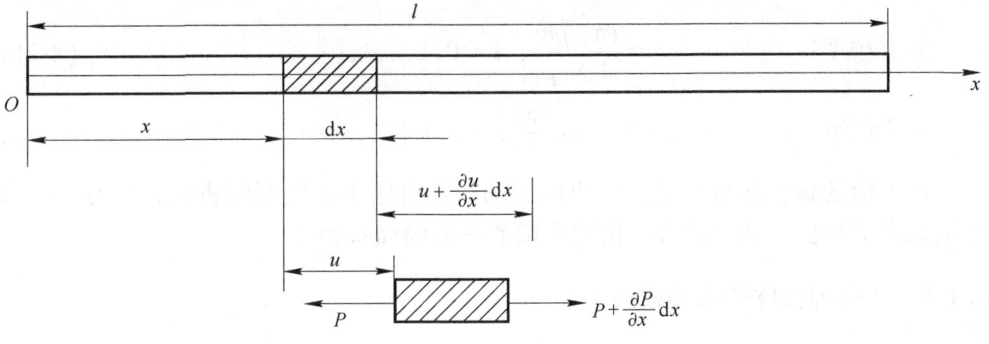

图 4-2　杆的力学模型

设杆的单位体积的质量为 ρ，杆长为 l，截面面积为 A，材料的弹性模量为 E。设任意 x 截面处，纵向应变表示为 $\varepsilon(x)$，纵向张力表示为 $P(x)$，则：

$$\varepsilon(x) = \frac{\partial u}{\partial x} \tag{4-14}$$

$$P(x) = AE\frac{\partial u}{\partial x} \tag{4-15}$$

在 $x+\mathrm{d}x$ 截面处的张力为：

$$P + \frac{\partial P}{\partial x}\mathrm{d}x = AE\left(\frac{\partial u}{\partial x} + \frac{\partial^2 u}{\partial x^2}\mathrm{d}x\right) \tag{4-16}$$

(4-17)

整理得：

$$\frac{\partial^2 u}{\partial x^2} = \frac{1}{c^2}\frac{\partial^2 u}{\partial t^2} \tag{4-18}$$

其中，

$$c^2 \equiv E/\rho$$

采用分离变量法，解得：

$$U(t) = A\sin pt + B\cos pt \tag{4-19}$$

$$X(t) = C\sin\frac{p}{c}x + D\cos\frac{p}{c}x \tag{4-20}$$

其中固有频率 p 与振型函数 $X(x)$ 的系数，由边界条件确定，这里所讨论的杆在两端自由条件的伸缩振动。

边界条件为：

$$\frac{\mathrm{d}X}{\mathrm{d}x}(o) = \frac{\mathrm{d}X}{\mathrm{d}x}(l) = 0$$

解方程式（4-19）和式（4-20）得：

固有频率：$$p_i = \frac{i\pi}{l}\sqrt{\frac{E}{\rho}},\ i = 0,1,2,3,\cdots \tag{4-21}$$

振型函数：$$X_i(x) = \cos\frac{i\pi x}{l},\ i = 0,1,2,3,\cdots \tag{4-22}$$

由上面的解析法可得到杆的纵向振动的固有频率和振型解析式，固有频率和杆的长度成反比，通过改变 l 长度来调整振动的固有频率。

4.1.2　H 形弹性体的振动模态

4.1.2.1　基于梁的 1 阶伸缩振动模态的箝位式驱动构想

箝位式驱动技术是一种仿生技术，它是仿照爬虫爬行的动作来实现步进驱动的。这种技术已经成功地应用于微型直线驱动装置，目前国内外已经有很多成功的先例。箝位式驱动结构主要由箝位器、驱动器、导轨构成，采用“驱动-箝位-驱动”的运动方式。利用三个直梁所构成的弹性体中梁的一阶伸缩振动可实现箝位式步进驱动。弹性体中的两侧纵向直梁起箝位器作用，横向直梁起驱动器作用，运动过程如图4-3所示。

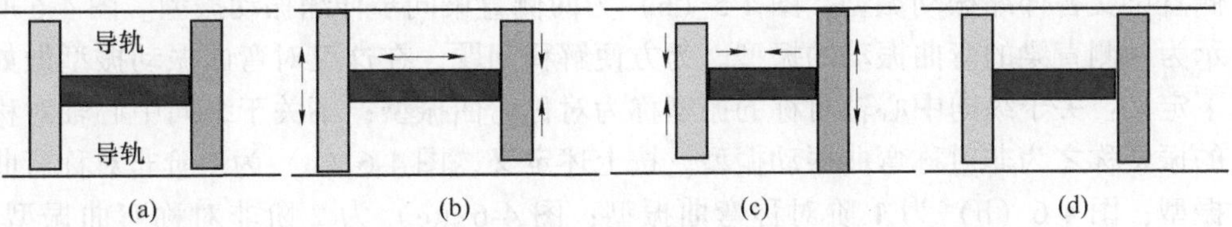

图4-3 三直梁式弹性体箝位式驱动模式

图4-3（a）中三个直梁均未发生形变；图4-3（b）中左侧直梁伸长端部夹紧导轨，右侧直梁缩短端部与导轨脱离，中间横向直梁伸长，推动右侧直梁向右运动；图4-3（c）左侧直梁缩短端部脱离导轨，右侧直梁伸长，端部与导轨夹紧，中间横向直梁缩短，拖动左侧直梁向前运动；图4-3（d）中三个直梁又回到初始状态。如此循环往复，弹性体沿导轨前行。

上述的这种基于纵横梁伸缩振动的箝位式驱动构想，需要对纵横三个直梁激振时序做严格的要求，而且激振信号的控制也相当复杂。因此，有必要对这种弹性体结构做进一步的改进，在纵、横梁间设计柔性铰链，柔性铰链具有结构简单、运动平稳、无须润滑、无回退空程、无摩擦、高精度等优点，广泛应用于精密微位移传动机构。这里采用柔性铰链在纵、横梁之间进行连接，从而保证纵、横梁间振动模态的独立性。这种用柔性铰链连接的三直梁式弹性体结构如图4-4所示，形如大写字母H，称为H形弹性体结构。在弹性力学当中，把连续的、完全弹性的、均匀的、各向同性的、形变和位移是微小的物体称为理想弹性体。绝大多数理想弹性体都归结为线性问题。在这里把H形弹性体假定为理想弹性体。有助于在后续工作中用有限元单元方法分析问题。

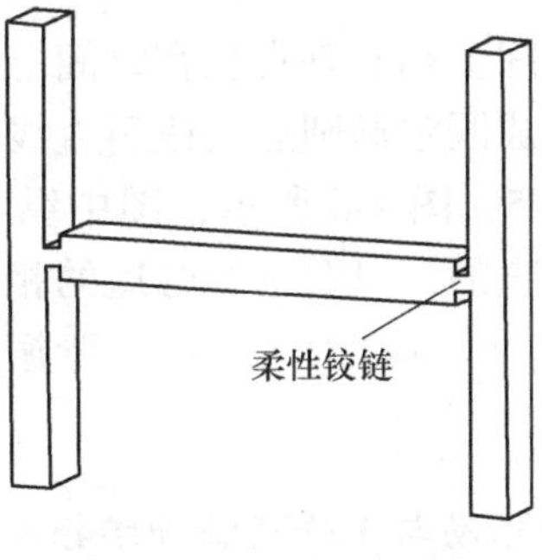

图4-4 H形弹性体结构

对H形弹性体进行有限元模态分析可得若干振动模态，图4-5、图4-6所示为几种低阶次纵、弯振动模态振型。对于弯曲振动而言阶次越高固有频率越高，考虑到纵、弯振动频率及频率差，这里只选取了1阶伸缩振动的振型及1~3阶弯曲振动的振型。图 4-5 所示为两侧直梁的 1 阶伸缩振动的振型。图 4-5（a）为两侧直梁交替伸缩振动振型，图 4-5（b）为两侧直梁同步伸缩振动振型。图 4-6 所示为两侧直梁的弯曲振动的振型。为方便解释问题，在这里对弯曲振动振型做如下定义：关于纵向中心轴对称的振型称为对称弯曲振型；不关于纵向中心轴对称的振型称之为非对称弯曲振动振型。按上述定义，图 4-6（a）为 1 阶非对称弯曲振型；图 4-6（b）为 1 阶对称弯曲振型；图 4-6（c）为 2 阶非对称弯曲振型；图 4-6（d）为 3 阶非对称弯曲振型；图 4-6（e）为 3 阶对称弯曲振型。

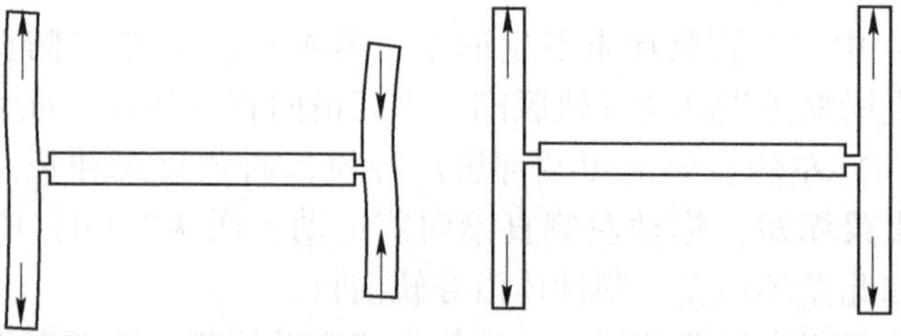

(a)　(b)

图 4-5　H 形弹性体的纵振振型

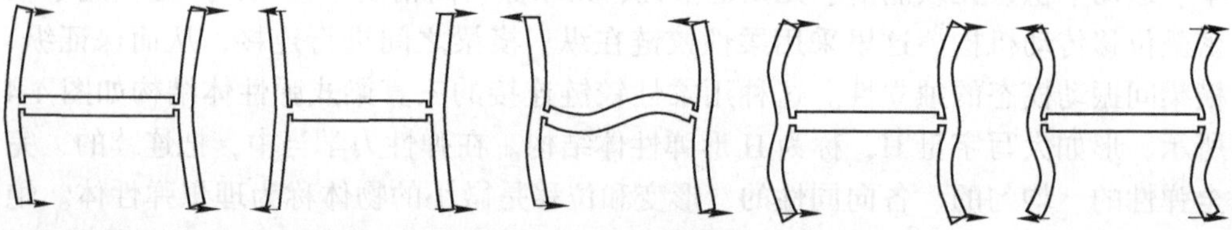

(a)　(b)　(c)　(d)　(e)

图 4-6　H 形弹性体的弯振振型

根据模态复合理论，空间上相互垂直且在时间上存在一定相位差的两振动模态相叠加，即能在驱动点形成既定椭圆运动或斜直线运动轨迹。把纵向直梁的两侧端点作为驱动点，如图 4-5、图 4-6 所示，图中纵、弯振动模态在驱动点振动方向可以认为是近似相互垂直的，只要选择合适的相位差即可在驱动点形成既定运动轨迹进而驱动动子运动。下面针对几种纵、弯振动模态组合的复合模态驱动方案进行分析。

4.1.2.2　1 阶对称弯曲振动与 1 阶交替伸缩振动复合模态

利用两侧直梁的 1 阶对称弯曲振动模态与 1 阶交替伸缩振动模态相叠加，可在驱动点形成椭圆或斜直线运动轨迹。此种复合振动模态节点在中间横向直梁的中部的节面位置，可以在此处固定支撑，左、右两侧直梁交替拨动导轨或动子运动，实现双侧同向力的输出，其驱动过程如图 4-7 所示。

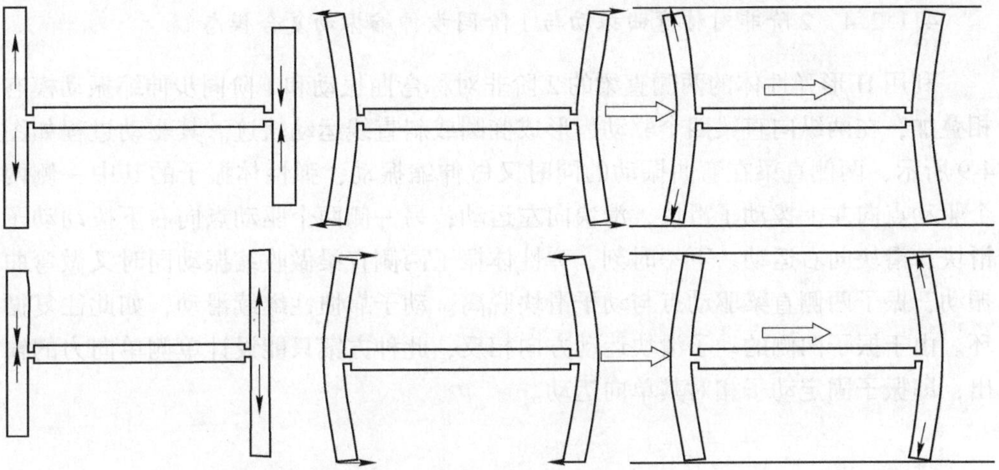

图 4-7　1 阶对称弯曲振动与 1 阶交替伸缩振动模态

4.1.2.3　1 阶非对称弯曲振动与 1 阶同步伸缩振动复合模态

两侧直梁的 1 阶非对称弯曲振动与 1 阶同步伸缩振动模态相叠加所产生复合振动模态，在直梁端部驱动点形成既定运动轨迹。其运动过程如图 4-8 所示，两侧直梁做同步拉伸振动又做弯曲振动，两侧直梁端部驱动点同时向右上（下）拨动导轨，弹性体振子相对导轨向左运动；接下来两侧直梁恢复到平衡位置，弹性体靠惯性继续运动；两侧直梁做同步压缩弯曲振动，驱动点与导轨脱离。弹性体振子靠惯性继续向左运动，以上过程不断循环往复，振子相对导轨向左运动。

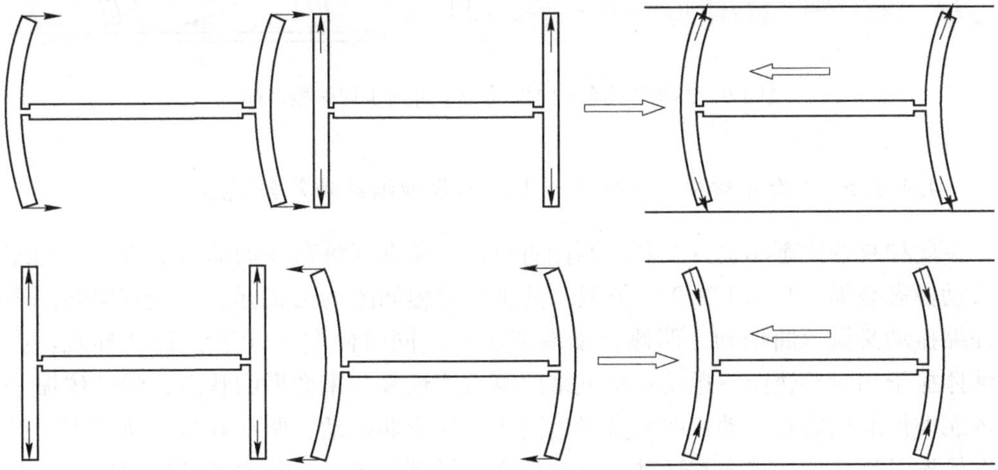

图 4-8　1 阶非对称弯曲与 1 阶同步伸缩振动模态

4.1.2.4　2阶非对称弯曲振动与1阶同步伸缩振动复合模态

利用H形弹性体的两侧直梁的2阶非对称弯曲振动和1阶同步伸缩振动模态相叠加，在两纵向直梁四个驱动齿形成椭圆或斜直线运动轨迹。其驱动过程如图4-9所示，两侧直梁在弯曲振动的同时又做伸缩振动，弹性体振子的其中一侧两个驱动点向左上拨动子滑块，滑块向左运动；另一侧两个驱动点向右下拨动动子滑块，滑块向右运动。下一时刻，弹性体振子两侧直梁做收缩振动同时又做弯曲振动，振子两侧直梁驱动点与动子滑块脱离。动子靠惯性继续滑动，如此往复循环。由于振子两侧的动子滑块运动方向相反，此种方案只能设计单侧单向力的输出，即振子固定动子相对其单向运动。

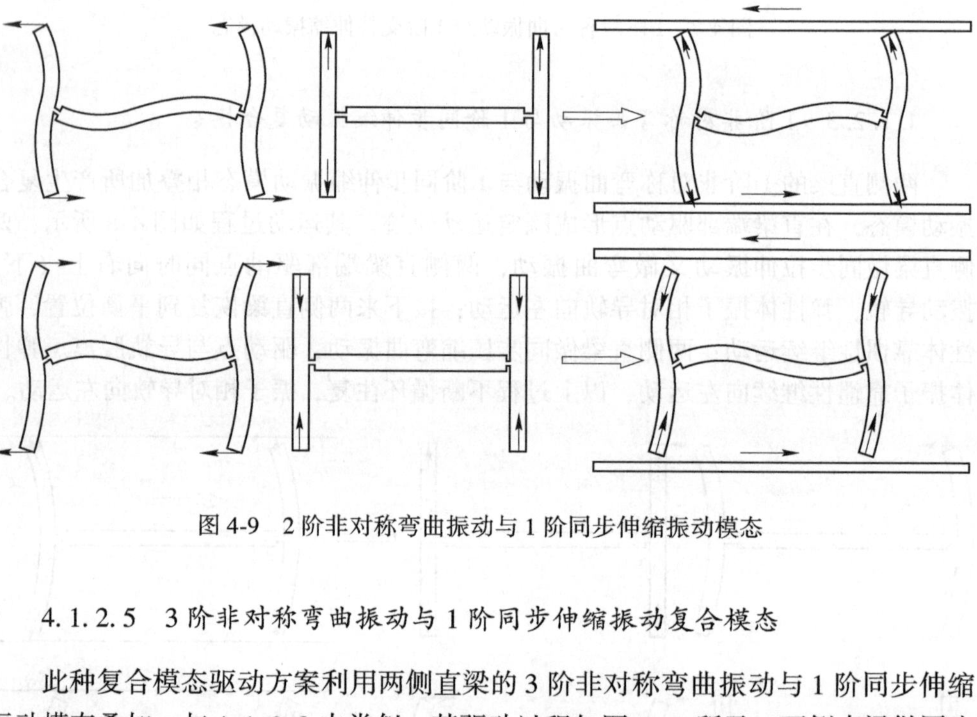

图4-9　2阶非对称弯曲振动与1阶同步伸缩振动模态

4.1.2.5　3阶非对称弯曲振动与1阶同步伸缩振动复合模态

此种复合模态驱动方案利用两侧直梁的3阶非对称弯曲振动与1阶同步伸缩振动模态叠加，与4.1.2.3中类似，其驱动过程如图4-10所示，两侧直梁做同步伸缩振动又做弯曲振动，两侧直梁端部驱动点同时向左上（下）拨动导轨，弹性体振子相对导轨向右运动；接下来两侧直梁恢复到未变形的状态，弹性体振子依靠惯性继续向右运动；两侧直梁做同步收缩弯曲振动，驱动点与导轨脱离。弹性体振子靠惯性继续向右运动，以此类推，循环往复。此种方案可实现振子双侧同向力的输出。

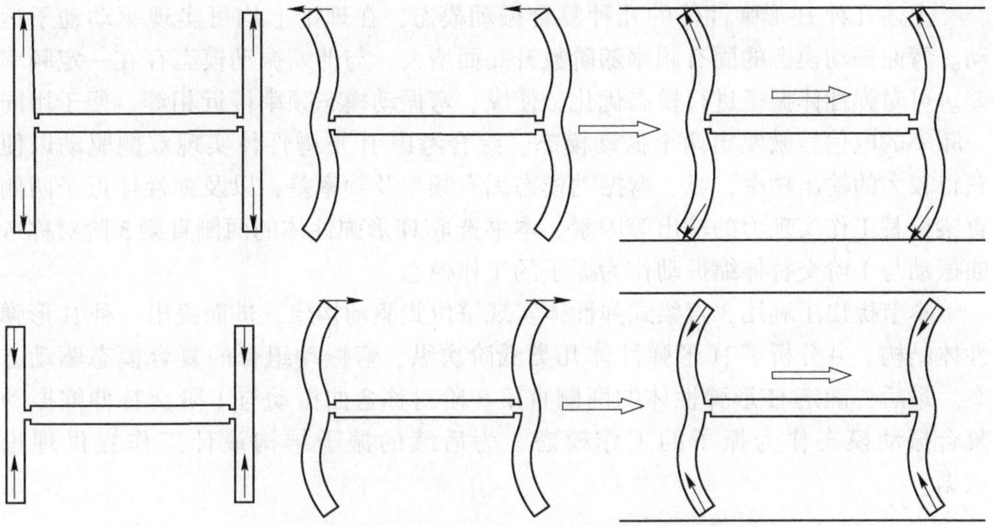

图 4-10　3 阶非对称弯曲振动与 1 阶同步伸缩振动模态

4.1.2.6　3 阶对称弯曲振动与 1 阶交替伸缩振动复合模态

此种驱动方案利用两侧直梁的 3 阶对称弯曲振动与 1 阶交替伸缩振动模态叠加形成复合振动模态，与 4.1.2.2 节中方案类似，其驱动过程如图 4-11 所示，左侧直梁伸长的同时又做弯曲振动，两端部驱动点同时向左上（下）拨动导轨，此时右侧直梁驱动点与导轨脱离，弹性体振子相对导轨向右运动；接下来两侧直梁恢复到初始状态，弹性体振子依靠惯性继续向右运动；下一过程右侧直梁做拉伸振动又做弯曲振动，两端部驱动点向左上（下）拨动导轨。弹性体振子继续向右运动。

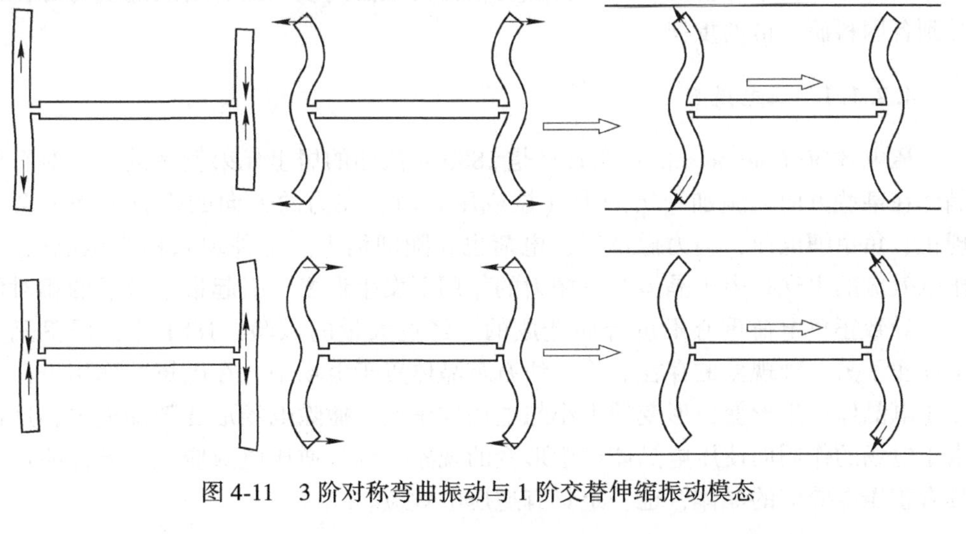

图 4-11　3 阶对称弯曲振动与 1 阶交替伸缩振动模态

上述几种H形弹性体的几种复合振动模态，在理论上均可实现驱动动子运动。弯曲振动模态的固有频率随阶数升高而增大，与伸缩振动模态存在一定频率差。可对弹性体振子进行模态优化，使纵、弯振动模态频率接近相等，便于用同一频率的电信号激发出两个振动模态。综合考虑H形弹性体实现双侧驱动以便获得较大的输出功率，纵、弯振动模态固有频率及频率差，以及弹性体振子两侧直梁交替工作实现力的输出等因素，本书选取H形弹性体的两侧直梁3阶对称弯曲振动与1阶交替伸缩振动作为振子的工作模态。

本节提出了利用3直梁式弹性体实现箝位式驱动构想，进而提出一种H形弹性体结构。并分析了H形弹性体几类低阶次纵、弯振动组合的复合模态驱动方案。最后，确定H形弹性体的两侧直梁3阶对称弯曲振动与1阶交替伸缩振动复合振动模态作为振子的工作模态，为后续的振子结构设计工作提供理论依据。

4.2　电机的驱动原理

前一节的工作主要对H形弹性体的几种振动模态进行了分析，最后选定了其中的一类复合振动模态，即H形弹性体两侧直梁的3阶对称弯曲振动与1阶交替伸缩振动复合模态作为样机的工作模态。本节分析H形压电振子作为直线电机定子时的驱动原理。

4.2.1　压电驱动技术基础

压电驱动技术是一种利用压电材料的逆压电效应来实现驱动的新型驱动技术。利用这一技术开发的驱动器将成为精密机械控制领域最有潜质的动力源，已受到各国科研人员的重视。

4.2.1.1　压电效应

压电效应（piezoelectric effect）是1880年法国的居里兄弟发现的，当对石英晶体在某些方向上施加一定的力（拉或压）时，在力的方向的垂直平面上会出现正、负束缚电荷，当力撤销后，电荷也就随即消失。这种现象称为压电效应。压电效应的出现是由于晶体在机械力的作用下发生形变，引起带电粒子的相对位移，导致正负电荷重心不重合而造成的。经过大量的试验，1881年，居里兄弟又证实了另一种现象的存在。将一块石英晶体置于电场中，在电场的作用下，会使压电晶体产生形变，形变的大小与电场成正比，撤除电场形变随即消失，这种由于电场的作用而使压电晶体产生形变的现象，称为逆压电效应。试验证明：凡具有正压电效应的晶体，也一定具有逆压电效应。

压电晶体具有机电转换特性，因此会发生电行为和弹性行为的耦合。这种耦合关系在一定条件下，尤其在小信号条件下，可以用比较简单的线性方程来描述。

压电方程是对压电晶体的介电性、弹性、压电性的综合表达。在弹性限度范围内，外电场不为零时，应变可由应力和电场两方面作用产生，而电位移也可由这两方面产生。压电晶体（陶瓷）存在机械和电气两种边界条件，机械分为自由和夹持，电气分为开路和短路两种状态。对于不同的边界条件和不同的自变量，可得到不同的压电方程，把电场强度 E、电位移 D、应力 T、应变 S 这四个变量分为两组每组各取一个作为方程组的自变量有四种组合，因此可得到四类压电方程。

超声电机是一种微型压电驱动器，利用压电陶瓷的逆压电效应工作的，对于其振子而言，主要考虑的是压电陶瓷在电场 E 的作用下，振子所能激发的位移量 U 的大小，通常振子的振动方程也是以位移为自变量的，而位移又与应变有直接的关系，故选择应变 S 和电场强度 E 作自变量。因此，本书选用第二类压电方程，如式（4-23）所示，即在机械夹持（$S=0$，$T\neq0$）和电学短路（$E=0$，$D\neq0$）条件的边界条件为：

$$\begin{cases} D = [\varepsilon^S]E + eS \\ T = -e^t E + [c^E]S \end{cases} \tag{4-23}$$

式中 T——机械应力；

S——机械应变；

D——电位移；

E——电场强度；

$[c^E]$——恒定机械应变下的机械刚度矩阵；

$[\varepsilon^S]$——保持机械应变不变条件下测得的压电陶瓷的介电矩阵。

4.2.1.2 压电陶瓷及其振动模式

压电陶瓷是一种新型的功能陶瓷材料，它的发现是压电技术领域中的重大飞跃。在这以前人们虽然已经发现了压电效应，但压电材料只限于单晶体材料，在应用上有一定的局限性。由于压电陶瓷相对单晶体材料而言容易研制，可制成任意形状和任意方向极化的压电元件，选择不同方向极化，可激发不同的振动模态。压电陶瓷的出现，打破了压电技术应用领域的瓶颈，使压电电机的研制成为可能。

压电陶瓷材料除具有一般介质材料的介电性能和弹性性能外，还具有压电特性。经过极化处理后具有各向异性，这就使压电陶瓷的性能比一般的介质陶瓷要多。压电陶瓷的主要性能参数如下。

（1）介电常数。介电常数反映材料的介电性质，或极化性质用 ε 表示。介电常数 ε 与电容 C 电极面积 A 和电极间的距离 t 的关系为：

$$\varepsilon = Ct/A \tag{4-24}$$

式中　C——电容，F；

A——电极面积，m^2；

t——电极间距离，m；

ε——介电常数，F/m。

（2）介质损耗因子 $\tan\delta$。在交变电场中，电介质所积蓄的电荷有两种分量：一种为有功部分，是由电导过程引起的；另一种为无功部分，是由介质弛豫过程引起的。介质损耗主要由极化弛豫引起：

$$\tan\delta = I_R/I_C \tag{4-25}$$

式中　I_R——总电流的有功分量；

I_C——总电流的无功分量。

（3）机械品质因数 Q_M。机械品质因数 Q_M 表示振动转换时材料内部能量消耗的程度。产生机械损耗的主要原因是材料存在内摩擦。当压电元件振动时，要克服内摩擦而消耗能量。Q_M 越大机械损耗越小。Q_M 定义为每周期内单位体积储存的机械能 W_M 与损耗的机械能 W_R 之比的 2π 倍：

$$Q_M = 2\pi \frac{W_M}{W_R} \tag{4-26}$$

（4）机电耦合系数 K。机电耦合系数 K 是综合反映压电材料性能的参数，它表示压电材料的机械能与电能的耦合效应。定义为：

$$K^2 = \frac{\text{电能转变为机械能}}{\text{输入的电能}} \tag{4-27}$$

（5）温度稳定性和居里点。压电材料的性能随温度的变化而变化，当温度过高，达某一温度时压电陶瓷的压电性能就会消失，这一温度值称为居里点。因此，压电陶瓷必须在远低于居里点的温度下工作。

压电陶瓷的性能决定了压电驱动器的性能的好坏。通常选用具有较大机械品质因数、机电耦合系数，较小的介质损耗因子，居里温度高的压电陶瓷材料。目前，用得最多的是压电陶瓷材料是锆钛酸铅（PZT）、锆钛酸钡等。

压电陶瓷的振动模式是压电技术的基础，压电陶瓷片的振动模式分为伸缩振动模式和切变振动模式。当极化方向与电场方向平行时，产生伸缩振动。当极化方向与电场方向垂直时，产生切变振动。同一个压电片，在不同频率的外加信号的作用下，可呈现不同的振动模式。对于矩形压电陶瓷片而言，所能激发的振动模式如图 4-12 所示。

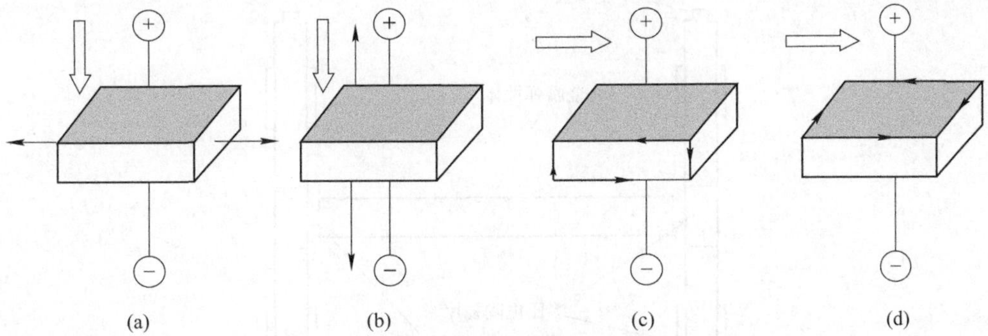

图 4-12 压电陶瓷的振动模式
（a）LE 模式；（b）TE 模式；（c）TS 模式；（d）PS 模式
⟹极化方向；—►形变方向

图 4-12（a）垂直于电场方向的伸缩振动，即长度伸缩振动模式（LE）；图 4-12（b）平行于电场方向的伸缩振动，即厚度伸缩振动模式（TE）；图 4-12（c）平行于电场方向的剪切振动，即厚度切变振动模式（TS）；图 4-12（d）垂直于电场方向的剪切振动，即平面切变振动模式（PS）。

本书采用上述压电陶瓷片的第 1 类振动模式，长度伸缩振动模式（LE），通过在振子上合理布置陶瓷片，按某种振动模态的固有频率激励，即可激发所需的工作模态。

4.2.2 H 形压电振子

由于逆压电效应，当压电陶瓷置于交变电场中，可以激发出多种单一振动模式。合理布置陶瓷片，当外加电场的频率与压电振子的某一振动模态的固有频率相等时，达到共振状态，通过其与金属弹性体黏结耦合，可以激发出所需的振动模态。这种金属弹性体与压电材料的耦合结构称之为压电振子。谐振频率在超声频范围内的压电振子称为超声频压电振子，具有振幅低、无噪声的特点，广泛应用于超声电机、压电换能器等领域。

图 4-13 所示为 H 形压电振子结构，由 H 形弹性体和压电陶瓷片黏结而成，在弹性体的两侧纵向直梁上贴有压电陶瓷片，直梁中部位置压电陶瓷片激发伸缩振动模态，靠近端部的压电陶瓷片贴在弯曲振动模态波腹位置，激发弯曲振动模态。在振子两侧直梁端部设置四个驱动齿，振子依靠纵、弯复合振动模态，在两侧直梁驱动齿质点形成椭圆运动或斜直线运动轨迹，交替拨动动子做直线运动。

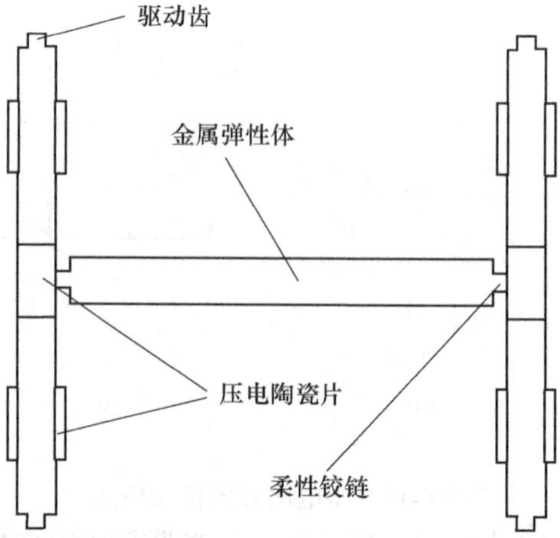

图 4-13　H 形压电振子

4.2.3　H 形振子工作模态的激励

在 4.2.2 节主要讨论了 H 形弹性体的几种复合振动模态，并且选定了一种 H 形弹性体的两侧直梁 3 阶对称弯曲振动与 1 阶交替伸缩振动作为振子的工作模态，如何激发出振子的工作模态，是振子设计成败的关键。根据压电学理论，利用压电陶瓷材料的逆压电效应，当压电陶瓷置于交变电场中，可以激发出多种单一振动模式，通过压电陶瓷与金属弹性体的黏结耦合可以诱发弹性体的微观振动，当激振频率与某一振动模式的固有频率相等时，即可激发该振动模态。目前，压电陶瓷与金属弹性体的耦合结构通常有两种：采用螺栓紧固的郎之万振子结构；弹性体与压电陶瓷黏结结构。

（1）螺栓紧固的郎之万振子结构。这种振子结构最早由法国物理学家郎之万在 1916 年提出的用于水下探测，郎之万振子的结构如图 4-14 所示，由前后金

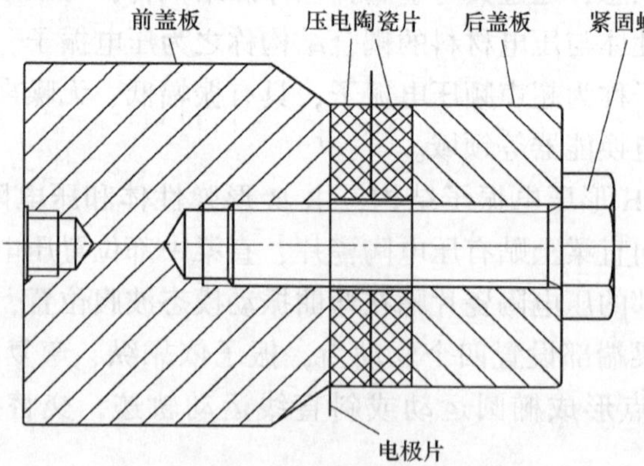

图 4-14　郎之万振子结构

属盖板、压电陶瓷叠堆和紧固螺栓组成。若干片厚度方向极化的压电陶瓷片层叠在一起，相互并联，用螺栓紧紧地夹持在前后盖板之间。前盖板用低密度金属制成，后盖板用高密度金属制成，主要用于大功率压电换能器，利用压电陶瓷的纵向振动 d_{33} 效应。由于压电陶瓷抗张力强度差，在高强振动下容易破裂，通过金属体、预紧力螺栓将压电陶瓷片紧固在一起，使其在强振过程中始终处于压缩状态，从而避免压电陶瓷的破裂。这种郎之万振子结构对加工制作工艺要求较高。

（2）弹性体和压电陶瓷片黏结结构。这种结构采用黏结层将金属弹性体与压电陶瓷片黏结在一起。如图 4-15 所示，利用压电陶瓷片的单一振动模式，可诱发弹性体的多种振动模态。这种结构制作简单，可用于小功率驱动。合理布置压电陶瓷片的位置及极化方向可激发弹性体的伸缩振动与弯曲振动模态。图 4-15（a）为诱发伸缩振动压电陶瓷片粘贴方式，粘贴在弹性体两侧的压电陶瓷片极化方向相反，同时伸缩振动，可激发弹性体伸缩振动。图 4-15（b）为诱发弯曲振动压电陶瓷片粘贴方式，粘贴在弹性体两侧的压电陶瓷片极化方向相同，可激发弹性体弯曲振动。通常，压电陶瓷片粘贴在弯曲振动波腹处。

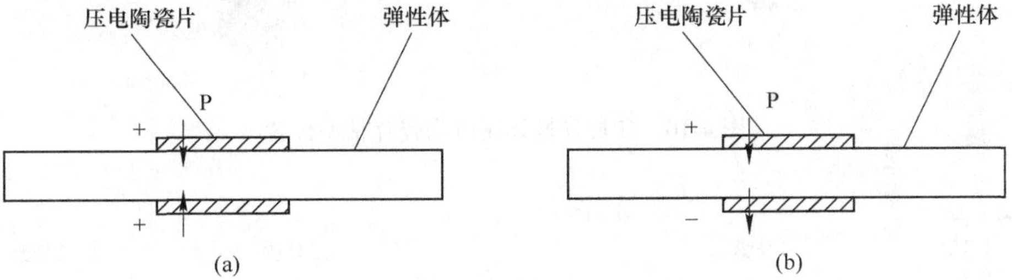

图 4-15 纵弯振动压电陶瓷片的粘贴方式

（a）伸缩振动粘贴方式；（b）弯曲振动粘贴方式

在本书中振子采用黏结剂粘贴压电陶瓷片的方式激发弹性体的纵弯复合振动模态。压电陶瓷片的极化方向对能否激发出所需纵、弯振动模态尤为重要。如图 4-16 所示，压电陶瓷片分为两组：压电陶瓷片 A 组和压电陶瓷片 B 组。压电陶瓷片 A 组贴在两侧直梁的弯曲振动波腹处，用来激发弹性体弯曲振动模态；压电陶瓷片 B 组贴在伸缩振动的节面处，用来激发弹性体伸缩振动模态。为了能激发出所需要的纵、弯振动模态，在粘贴时应考虑压电陶瓷片的极化方向，图 4-17（a）（c）所示分别为 H 形弹性体 1 号梁和 2 号梁激励伸缩振动模态的压电陶瓷片的极化方向，每幅图中直梁两侧陶瓷片极化方向相反如箭头所示，并且 1 号和 2 号梁之间的激励伸缩振动模态的压电陶瓷片极化方向相反，这主要为了实现 1 号和 2 号直梁的交替伸缩振动模态。图 4-17（b）所示为激励弯曲振动模态的压电陶瓷片极化方向，每个直梁两侧的压电陶瓷片同向极化，1 号和 2 号梁之间压电陶瓷片极化方向相反，这主要是为了实现 1 号和 2 号直梁的对称弯曲振动模态。当在 A、B 两组压电陶瓷片上施加具有一定相位差的电信号时，在弹性体端部驱动齿质点即能合成既定的运动轨迹。

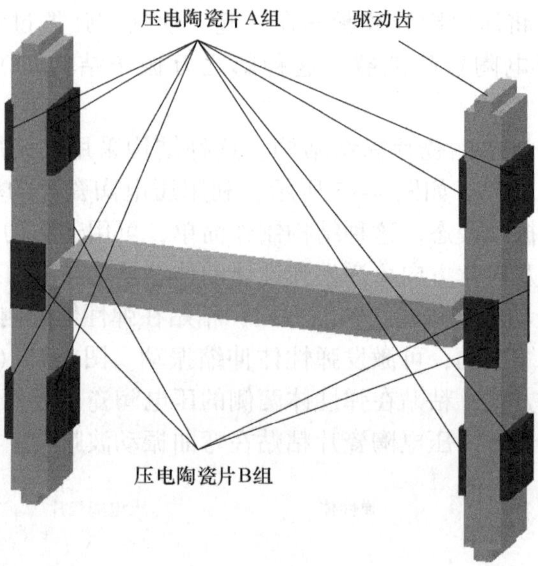

图 4-16　H 形弹性体压电陶瓷片粘贴位置

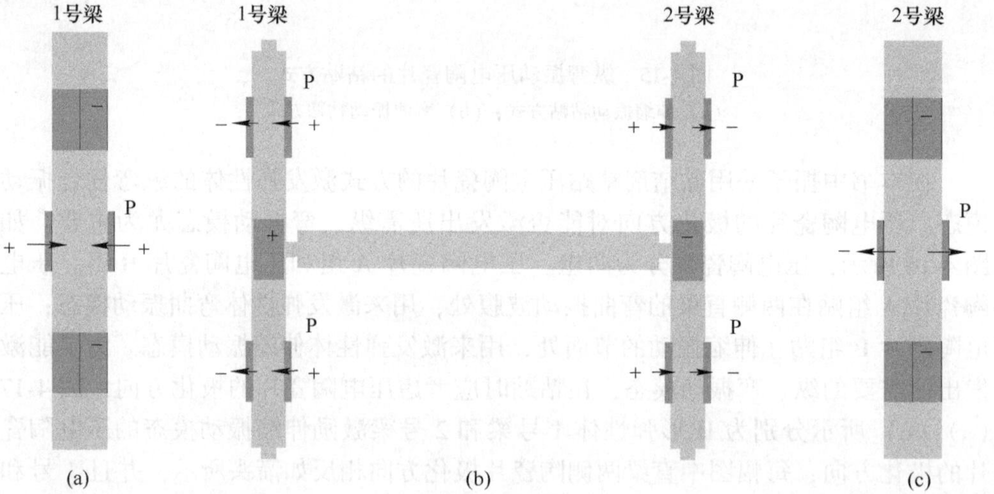

图 4-17　H 形振子压电陶瓷片极化方向

(a) 1 号梁纵振压电陶瓷片；(b) 弯振压电陶瓷片；(c) 2 号梁纵振压电陶瓷片

4.2.4　驱动齿驱动点运动轨迹

行波型直线超声电机是利用空间上相差 $\lambda/4$，时间上相差 $\pi/2$ 的两列驻波向叠加合成一列行波，在振子表面质点上产生椭圆运动轨迹。单一驻波直线电机靠合理布置驱动齿的位置来实现正反向驱动，驱动齿分布在波峰（谷）与相邻驻点之间。分布多个齿时，齿间距应为1/2波长的整数倍。若为奇数倍时，多个驱动齿交替工作，若为偶数倍时，多个驱动齿同时工作。复合模态直线超声电机是靠空间上相互垂直且有一定相位差两个模态相叠加在驱动齿质点合成椭圆或斜直线运动轨迹。

压电陶瓷片在高频电信号的激励作用下，激发弹性体驻波。图4-18（a）所示为H形振子弯曲振动模态驱动点运动轨迹，驱动点纵向位移分量忽略不计，主要考虑横向位移分量，运动方程为式（4-28）；图4-18（b）所示为伸缩振动模态驱动点运动轨迹，主要考虑纵向位移分量，运动方程式为式（4-29）。

$$x = A\sin(\omega t + \phi) \tag{4-28}$$

$$y = B\sin\omega t \tag{4-29}$$

式中　x——弹性体驱动点横向振动位移分量；

y——弹性体驱动点纵向振动位移分量；

A——弹性体驱动点横向振动振幅；

B——弹性体驱动点纵向振动振幅；

ϕ——纵、弯振动模态相位差。

将式（4-28）和式（4-29）消去 t，得：

$$\left(\frac{x}{A}\right)^2 - \frac{2xy}{AB}\cos\phi + \left(\frac{y}{B}\right)^2 = \sin^2\phi \tag{4-30}$$

当 $\phi=\pm\pi/2$ 时，由式（4-30）得：

$$\left(\frac{x}{A}\right)^2 + \left(\frac{y}{B}\right)^2 = 1 \tag{4-31}$$

此时，驱动点运动轨迹为标准椭圆运动轨迹。

当 $\phi=0$ 或 $\phi=\pm\pi$ 时，由式（4-30）得：

$$y = \pm\frac{B}{A}x \tag{4-32}$$

此时，驱动点运动轨迹为一条封闭斜直线。

如图4-19所示，为两模态不同相位差所对应的驱动点运动轨迹，当 $0<\phi<\pi$ 时，椭圆运动轨迹为顺时针方向；当 $-\pi<\phi<0$ 时，椭圆运动轨迹为逆时针方向。当相位差变化 $\phi=\pi/2$ 时，驱动点运动轨迹方向发生改变。

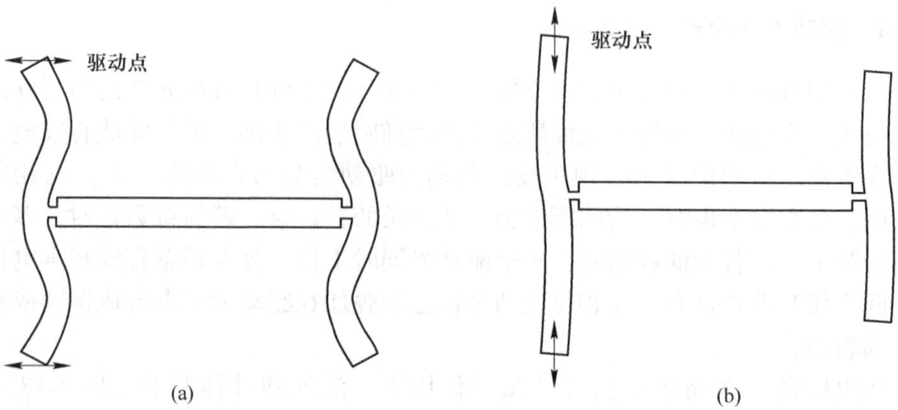

图 4-18　单一工作模态驱动点运动轨迹
（a）弯曲模态；（b）伸缩模态

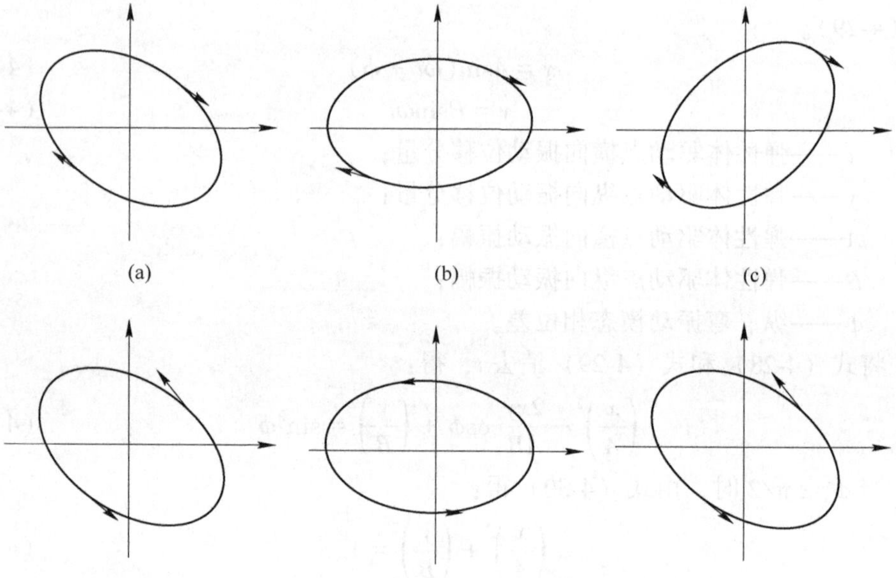

图 4-19　相位差与运动轨迹的关系
（a）$0<\phi<\pi/2$；（b）$\phi=\pi/2$；（c）$\pi/2<\phi<\pi$；（d）$-\pi/2<\phi<0$；（e）$\phi=-\pi/2$；（f）$-\pi<\phi<-\pi/2$

4.2.5　振子在一个周期内的驱动过程

H 形压电振子利用其两侧直梁的 1 阶交替伸缩振动模态和 3 阶对称弯曲振动模态相叠加，在振子驱动齿质点上合成既定运动轨迹，驱动动子做直线运动。直线超声电机按照振子作为定子还是动子可分为自行式（振子为动子）和它行式

(振子为定子）两类。自行式电机对两侧导轨的平行度要求较高，为了简化样机的制作，提高振子的驱动能力，本书原理样机设计为它行式结构，即振子拨动动子运动。

如图 4-20 所示，(a)→(b)→(c)→(d) 过程为振子在一个周期内 T 驱动动子运动过程。

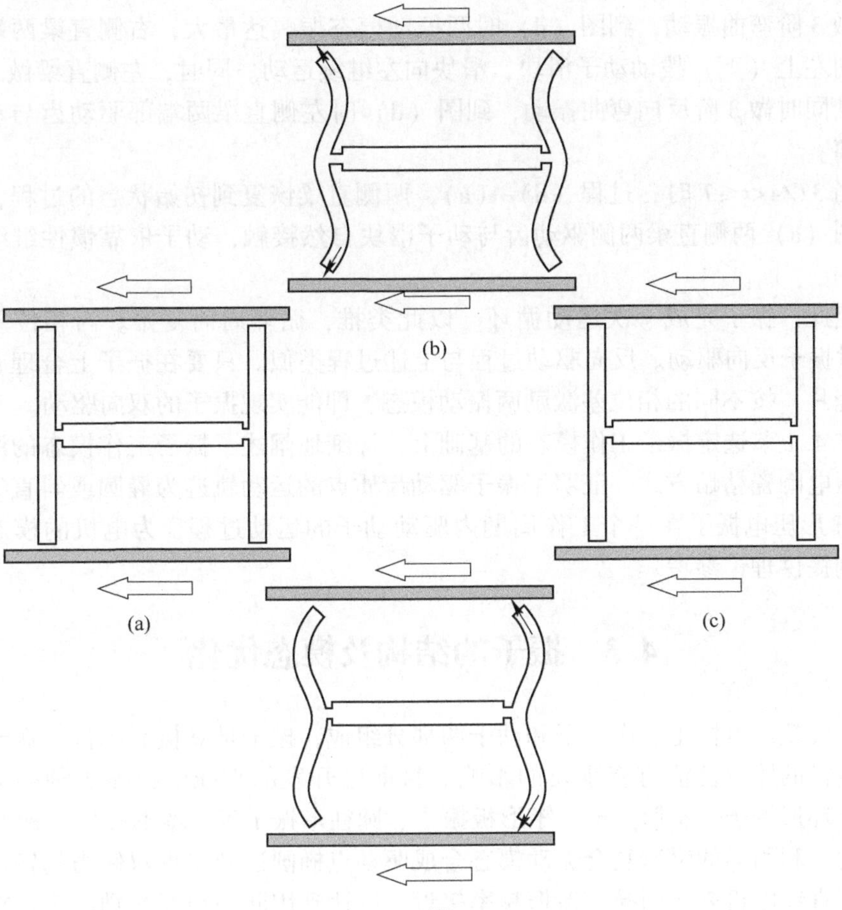

图 4-20 振子的驱动原理

当 $0<t\leqslant T/4$ 时，假设图 4-20（a）为初始位置，两侧纵向直梁的驱动齿与滑块自然接触，从（a)→(b）过程中左侧直梁在做 1 阶拉伸振动的同时，又做 3 阶弯曲振动，到图（b）时两振动模态振幅达最大，左侧直梁两端部驱动足向左上（下）拨动动子滑块，振子两侧滑块向左运动。此时，右侧直梁做 1 阶收缩振动同时做 3 阶反向弯曲振动，到图（b）时右侧直梁两端部驱动足与动子完全

脱离。

当 $T/4<t\leqslant T/2$ 时，过程（b）→(c)，两侧直梁由纵、弯模态的最大幅值点恢复到形变前的状态，到图（c）时，两侧直梁两侧驱动齿与动子滑块自然接触，动子依靠惯性继续向左滑动。

当 $T/2<t\leqslant 3T/4$ 时，过程（c）→(d)，在图（c）时，两侧纵向直梁的驱动齿与滑块自然接触，从（c）→(d）过程中右侧直梁在做 1 阶拉伸振动的同时，又在做 3 阶弯曲振动，到图（d）时两振动模态振幅达最大，右侧直梁两端部驱动齿向左上（下）拨动动子滑块，滑块向左继续运动。同时，左侧直梁做 1 阶收缩振动同时做 3 阶反向弯曲振动，到图（d）时左侧直梁两端部驱动齿与动子完全脱离。

当 $3T/4<t\leqslant T$ 时，过程（d）→(a)，两侧直梁恢复到初始状态的过程，回到初始图（a）两侧直梁两侧驱动齿与动子滑块自然接触，动子依靠惯性继续向左滑动。

至此，振子完成一次运动循环。以此类推，循环周而复始。当相位差变化 $\pi/2$ 时振子反向驱动。反向驱动过程与上述过程类似。只要在振子上合理布置压电陶瓷片，按不同的相位差激励两振动模态，即能实现振子的双向驱动。

在 4.1 节选定振子工作模态的基础上，详细地阐述了振子工作模态的激励方式及压电陶瓷粘贴方式。证明了振子驱动齿质点的运动轨迹为椭圆或斜直线。分析了 H 形压电振子在一个工作周期内驱动动子的运动过程，为电机的模态设计与控制提供理论参考。

4.3 振子的结构及模态优化

直线超声电机主要由振子和动子两部分组成，振子是其核心部件。振子的结构对电机的输出性能有着重要的影响。目前已开发的直线电机振子种类灵活多样，有环形振子、π 形振子、矩形板振子、圆柱形振子等。本书提出一种 H 形振子结构，利用梁的纵弯复合振动模态合成驱动点椭圆运动实现双侧力的输出。复合模态直线电机需要两模态谐振频率接近，以达到用同一频率激励两工作模态同时达到共振，简化驱动电路。因此，如何实现振子的频率差最小化设计，也是振子设计中的一个重要环节。

4.3.1 样机振子的结构方案

4.3.1.1 振子材料的选取

振子作为电机的驱动源，能量转换的核心部件，其材料的选择对电机的输出性能影响很大。通常根据电机的寿命、效率、成本、应用环境等的要求进行选择，同时考虑材料加工性能、膨胀系数、成本等因素。从现有资料来看，超声电机振子材料主要为黄铜、45 号钢、硬铝等，一些特殊应用场合选用铍青铜、铁镍合金、钛、钼等。

H 形振子是利用两侧直梁的 1 阶交替伸缩振动模态和 3 阶非对称弯曲振动模态工作的，因此有必要分析梁的 3 阶弯曲振动和杆的 1 阶伸缩振动固有频率和长度的关系。

由振动理论可知，梁弯曲振动固有频率与直梁的长度的关系式为：

$$f_{Bi} = \frac{\lambda_i^2}{2\pi l^2}\sqrt{\frac{EI}{\rho}}$$
$$\lambda_i \approx \left(i + \frac{1}{2}\right)\pi,\ i \geqslant 2 \tag{4-33}$$

式中 f_{Bi}——直梁的固有频率；
λ_i——直梁的特征根；
l——直梁的长度；
E——直梁的弹性模量；
I——直梁的截面惯性矩；
ρ——直梁单位长度的质量。

对于杆的伸缩振动来说，杆的长度与固有频率的关系为：

$$f_{Lj} = \frac{j}{2l}\sqrt{\frac{E}{\rho}},\ j = 0,\ 1,\ 2,\ 3,\ \cdots \tag{4-34}$$

由式（4-33）和式（4-34）整理分别得式（4-35）和式（4-36）：

$$l = \sqrt{\frac{49\pi h}{8f_{B3}}\sqrt{\frac{E}{12\rho}}} \tag{4-35}$$

$$l = \frac{1}{2f_{L1}}\sqrt{\frac{E}{\rho}} \tag{4-36}$$

式中 f_{B3}——3 阶弯曲振动固有频率；
h——直梁的厚度；
ρ——直梁单位体积的质量。

将常见的几种不同金属材料属性参数代入式（4-35）和式（4-36）绘制长度与固有频率的关系曲线，如图 4-21 和图 4-22 所示。从图 4-21、图 4-22 中可以看出对于同一频率的同种振动模态，选取黄铜材料的直梁长度要小于其他三种，这对超声电机降低体积无疑是有利的，而且黄铜的导电性能良好。考虑到加工成本、材料的性能等因素，本书选用黄铜（H59）作为样机振子的材料。

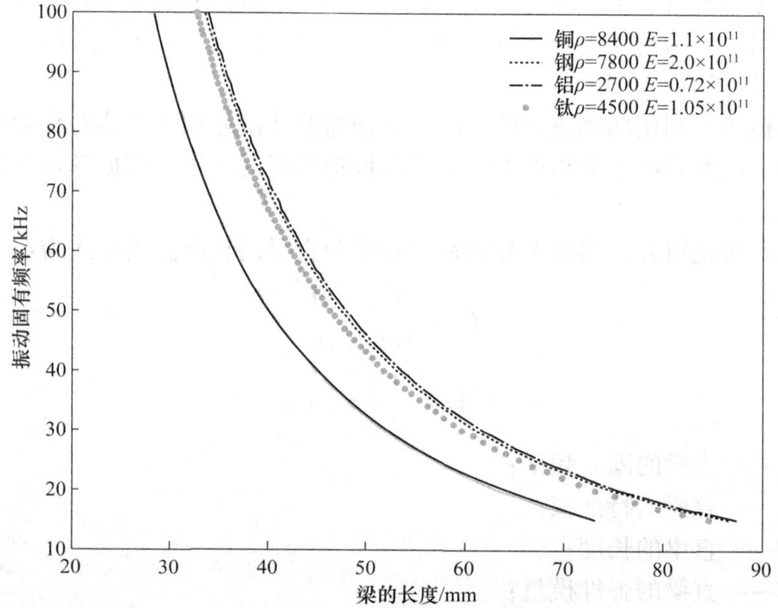

图 4-21　自由梁的长度与振动固有频率的关系曲线

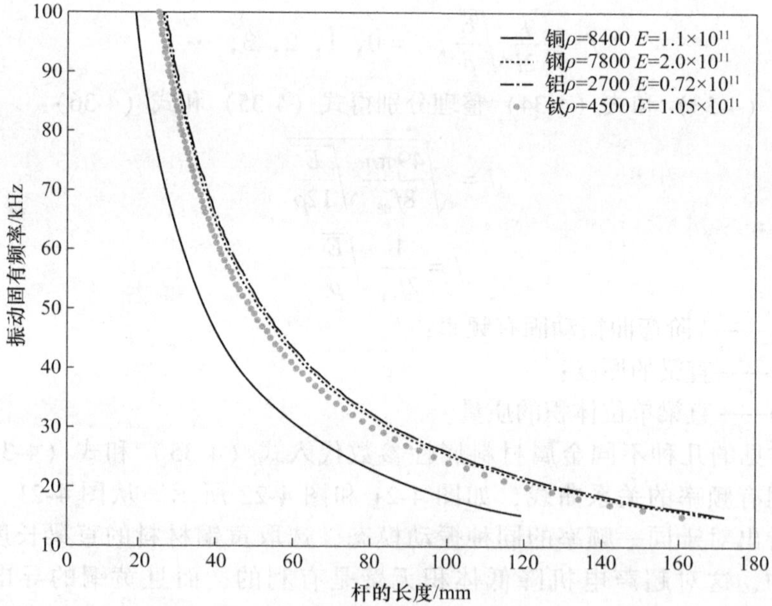

图 4-22　直杆长与振动固有频率的关系曲线

4.3.1.2 振子主要尺寸范围的确定

直线超声电机用于微型精密仪器的驱动场合，在设计振子时应尽量减少振子的结构尺寸。然而，振子小型化的同时也带来一些问题。由式（4-35）和式（4-36）可知，振子两侧直梁越短，两振动模态频率越大；两侧直梁长度不变的情况下，梁越厚弯曲模态的频率越大。如果振子工作模态频率定得过高，振子的两侧直梁的长度变小，给压电陶瓷片尺寸的选择和粘贴带来一定的困难。而且，频率越高压电陶瓷片容易发热，振动幅值越小，这样势必影响电机的性能。如果振子工作模态的频率定得过低，压电陶瓷片的性能不易发挥。一般振子的工作频率在 25～55 kHz。综合考虑，把振子的工作频率选在 35 kHz 附近。

复合模态直线超声电机是利用两工作模态相叠加来工作的，所以振子结构设计时应考虑纵、弯模态频率一致的问题，以便有利于后续振子的模态优化工作。在前面的章节里，已经选定了 H 形振子的工作模态，在这里主要分析振子两侧直梁的 1 阶伸缩振动和 3 阶弯曲振动的固有频率解析式，来确定两侧直梁的长度和厚度范围。

直杆的两端自由 1 阶伸缩振动固有频率解析式：

$$f_{L1} = \frac{1}{2l}\sqrt{\frac{E}{\rho}} \tag{4-37}$$

直梁的两端自由 3 阶弯曲振动固有频率解析式：

$$f_{B3} = \frac{49\pi h}{8l^2}\sqrt{\frac{E}{12\rho}} \tag{4-38}$$

令两频率相等 $f_{L1}=f_{B3}$，整理得：

$$\frac{l}{h} = \frac{49\pi}{8\sqrt{3}} \tag{4-39}$$

振子的工作频率设为 35 kHz，由式（4-37）和式（4-39）得：

$$l = 52\ \text{mm} \tag{4-40}$$

$$h = 4.675\ \text{mm} \tag{4-41}$$

图 4-23 给出了梁厚为 4.6 mm 时直梁的 3 阶弯曲振动和杆的 1 阶伸缩振动频率和长度的关系，从曲线中可以看出当频率在 35 kHz 附近时对应杆或梁的长度约为 52 mm，从而验证计算的正确。根据以上推导对影响振子纵、弯振动模态的两侧纵向直梁的长度和厚度尺寸参数有了初步的界定。

驱动齿是 H 形振子在力的输出时与动子的接触部位，其位置设置在两侧直梁的端部，考虑到振子结构的对称性及实现双侧力的输出，在每侧直梁的两端各设置一个驱动齿，共计四个驱动齿。通常超声电机驱动齿与动子接触类型有两种类型，如图 4-24（a）所示，图 4-24（a）所示为面接触，此种接触类型，动子与驱动

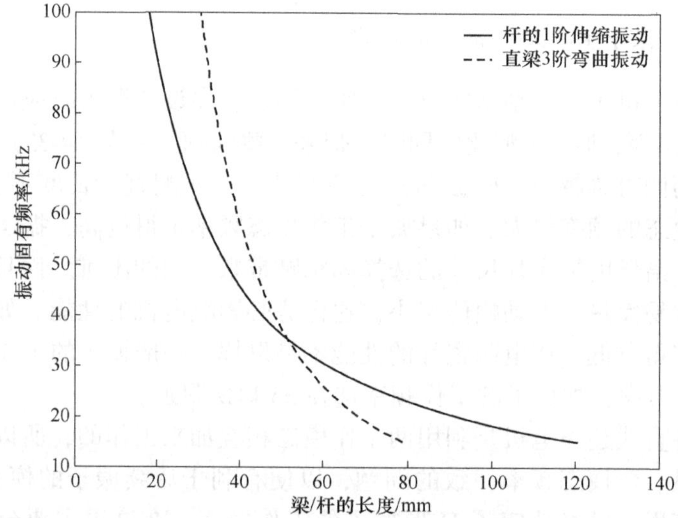

图 4-23　梁/杆的振动固有频率与长度的关系

齿接触面较大，力的输出不平稳容易出现滑动现象，但耐磨性较强，图 4-24（b）所示近似为线接触类型，动子与驱动齿接触面较小，此接触类型驱动齿输出力较集中，但容易磨损。综合考虑耐磨性、加工等因素，本书选择驱动齿与动子面接触实现力的输出。驱动齿不宜过高，宽度不宜过小否则影响刚度易断裂。综合各种因素，驱动齿尺寸选为齿高为 1.5 mm，厚度为 2 mm。

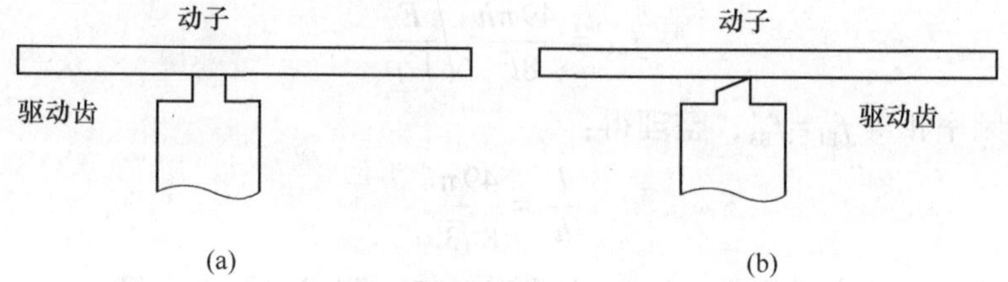

图 4-24　驱动齿与动子的接触类型
（a）接触类型 1；（b）接触类型 2

4.3.1.3　柔性支撑结构的设计

直线超声电机是利用摩擦驱动的装置，无论是自行式还是非自行式都需要振子与外界连接，该连接部位称为支撑结构。由于超声电机是利用压电振子的振动模态工作的。因此，对于支撑结构提出以下要求：有足够的刚度来传递力的输出；对振子的工作模态的影响足够小。综合以上因素，本书采用了一种基于柔性铰链与压电振子连接的支撑结构。

所谓柔性铰链就是弹性体结构设计中，加工出一些薄弱部位，在力和力矩的作用下这些薄弱部位产生微小形变，能够在机械结构中起铰链的作用。它与一般铰链的区别是没有机械结构上的间隙，并且有弹性回复力，因而消除了运动中的摩擦和回退空程。适合与压电体构成结构简洁的精密定位装置，其定位精度达纳米级。

柔性铰链按运动形式分为转动副、球面副、移动副柔性铰链三种，如图 4-25 所示。图 4-25（a）为转动副柔性铰链，图 4-25（b）为球面副柔性铰链，图 4-25（c）为移动副柔性铰链。转动副和球面副柔性铰链均能实现旋转运动，移动副柔性铰链能实现直线运动。H 形振子是在一个平面内实现直线驱动的，没有其他附加自由度，因此，选用直梁式移动副柔性铰链。为了实现与振子一体设计，柔性铰链采用振子同种材料，以便于加工制作。

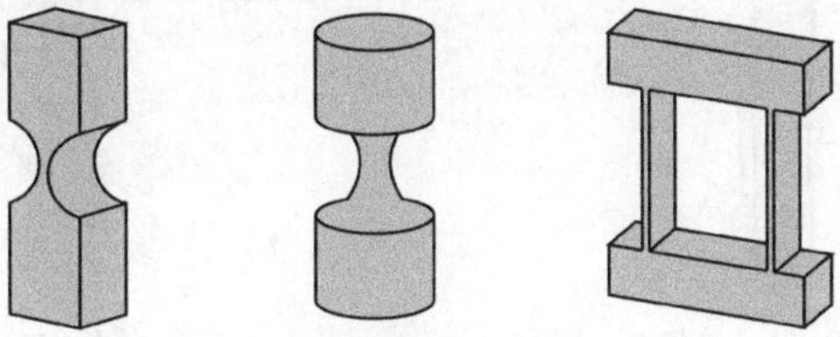

图 4-25 柔性铰链

柔性铰链作为连接机构由于自身的特点，在力的作用下可以产生明显的弹性形变，对振子的振动模态影响很小。通过对 H 形振子进行有限元分析，图 4-27 所示为未加柔性支撑的振子 x 方向应变云图。可知在中间横梁截面 $x=0$ 处两工作模态 X 方向（横梁轴向方向）位移为零，将柔性支撑结构设在此节面（位移为零）处，对两模态的影响最小。考虑到有限元分析划分网格的问题，支撑结构采用六面体结构，并且关于横梁对称设置如图 4-26 所示。

为了验证增加支撑结构对振子的工作模态是否产生影响，图 4-27 和图 4-28 分别为对两种结构进行有限元模态分析的 x 方向应变云图。比较两图可以看出，支撑结构对振子的工作模态的振型不产生影响。证明此种支撑结构方案在理论上是可行的。

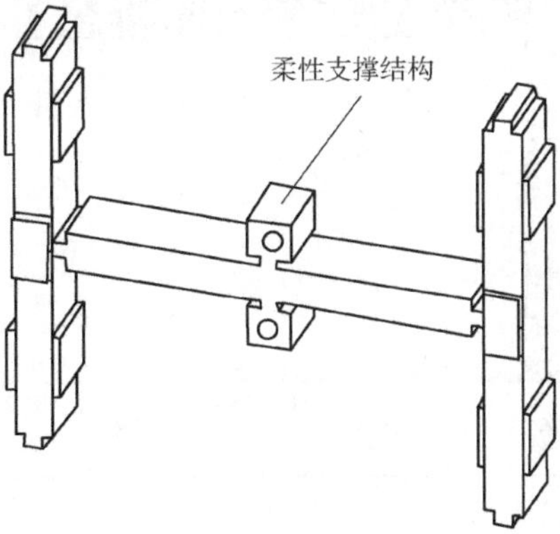

图 4-26 带柔性支撑的 H 形振子

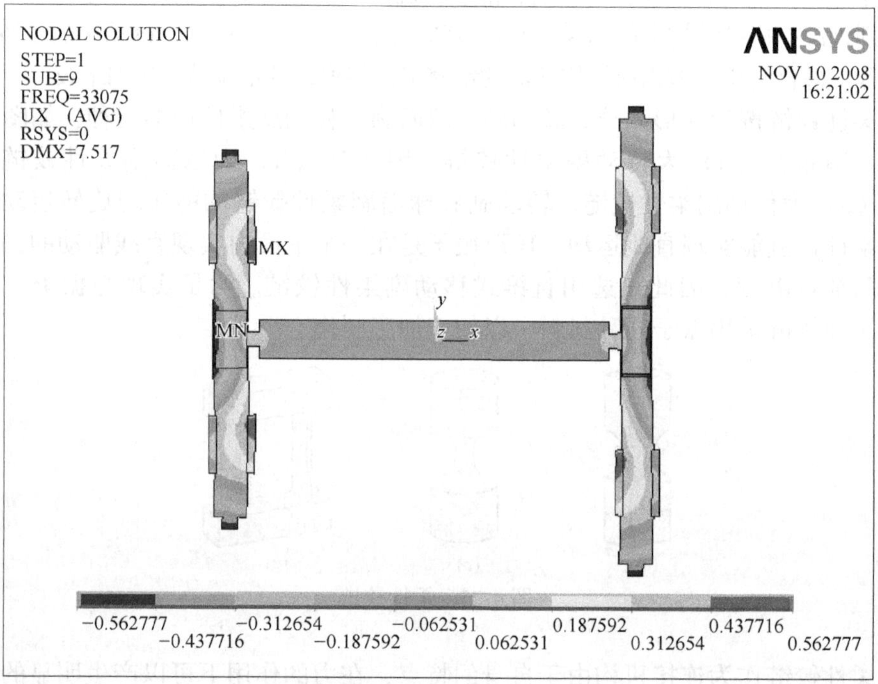
NODAL SOLUTION
STEP=1
SUB=9
FREQ=33075
UX (AVG)
RSYS=0
DMX=7.517
ANSYS
NOV 10 2008
16:21:02
MX
MN
y
z x
−0.562777
−0.437716
−0.312654
−0.187592
−0.062531
0.062531
0.187592
0.312654
0.437716
0.562777

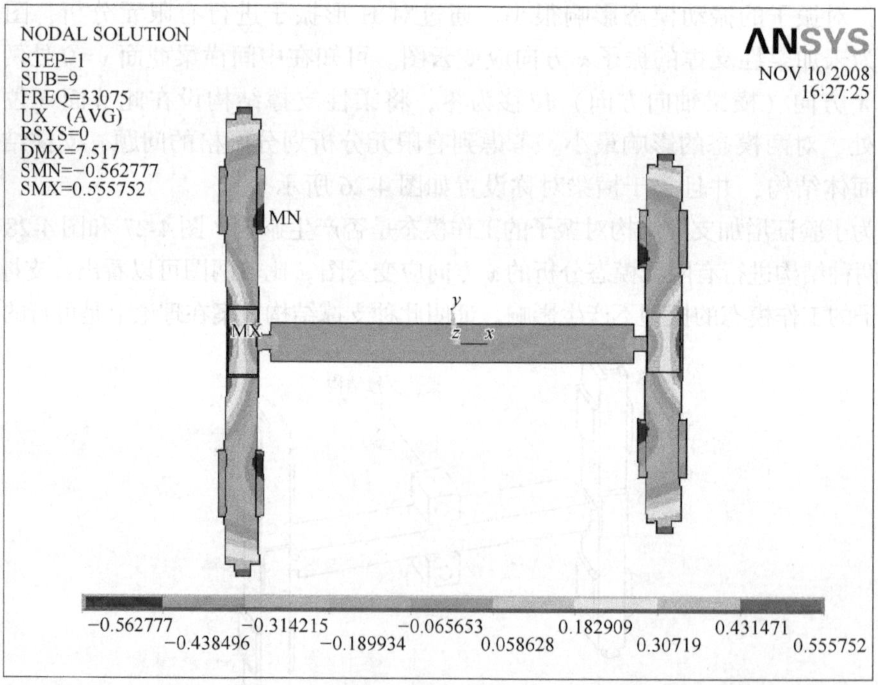
NODAL SOLUTION
STEP=1
SUB=9
FREQ=33075
UX (AVG)
RSYS=0
DMX=7.517
SMN=−0.562777
SMX=0.555752
ANSYS
NOV 10 2008
16:27:25
MN
MX
y
z x
−0.562777
−0.438496
−0.314215
−0.189934
−0.065653
0.058628
0.182909
0.30719
0.431471
0.555752

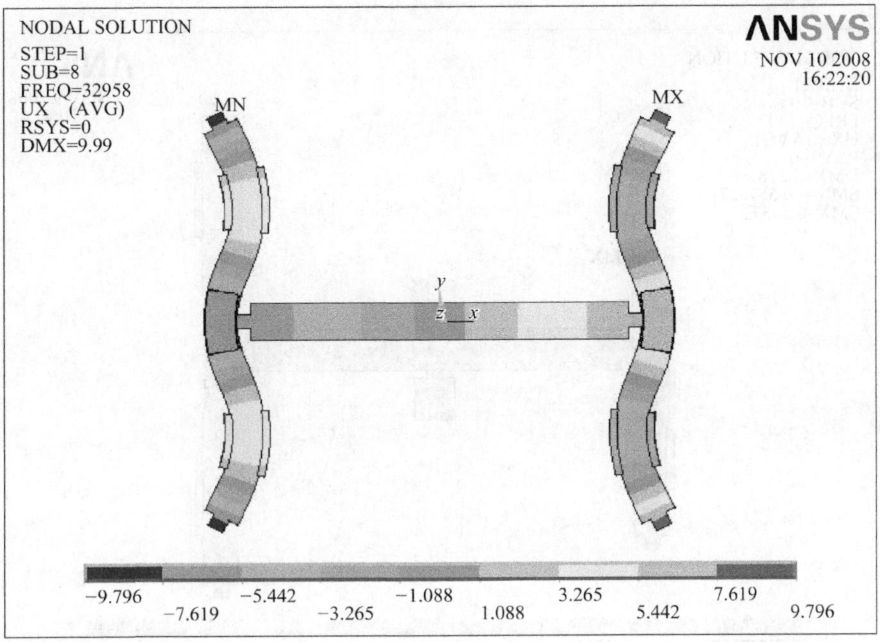

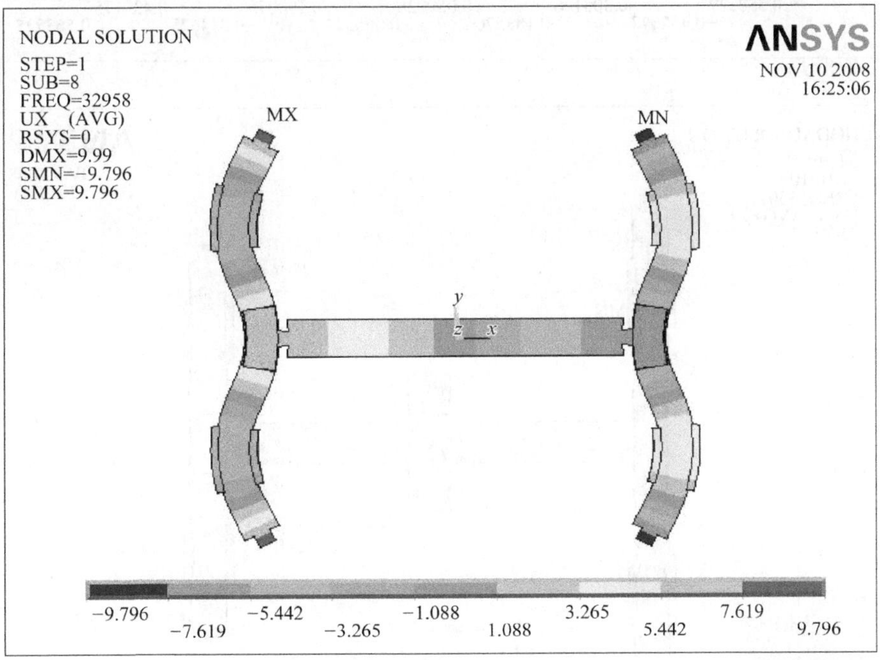

图 4-27 未加柔性支撑的振子 x 方向应变云图

图 4-27 彩图

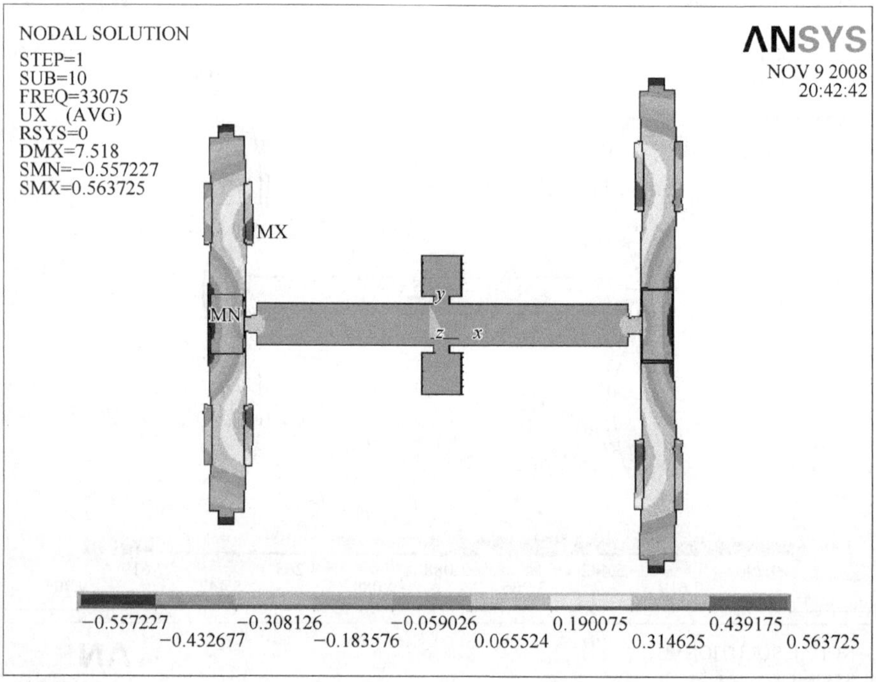
NODAL SOLUTION
STEP=1
SUB=10
FREQ=33075
UX (AVG)
RSYS=0
DMX=7.518
SMN=−0.557227
SMX=0.563725
ANSYS
NOV 9 2008
20:42:42
MX
MN
y
z
x
−0.557227
−0.432677
−0.308126
−0.183576
−0.059026
0.065524
0.190075
0.314625
0.439175
0.563725

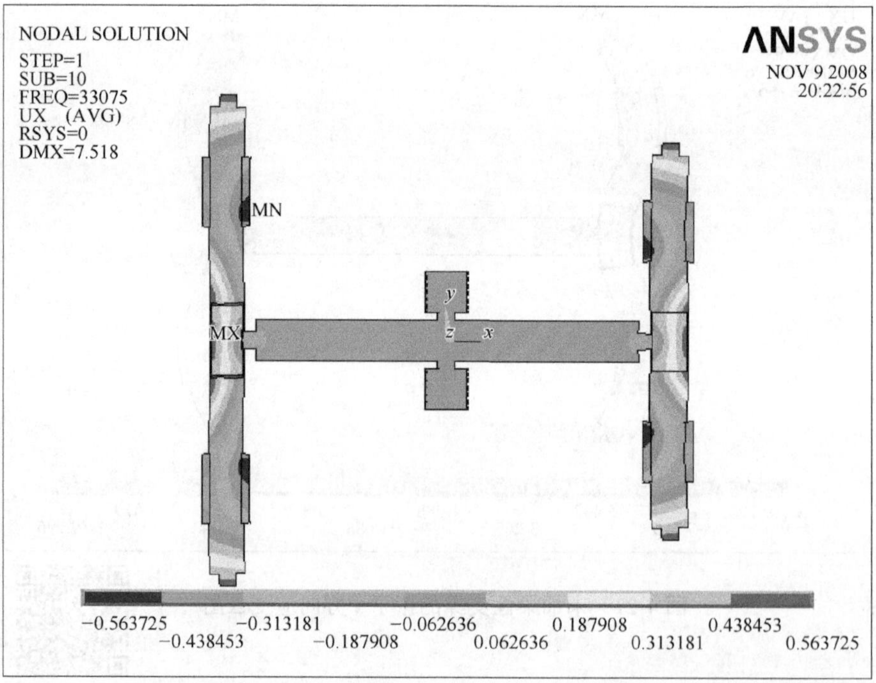
NODAL SOLUTION
STEP=1
SUB=10
FREQ=33075
UX (AVG)
RSYS=0
DMX=7.518
ANSYS
NOV 9 2008
20:22:56
MN
MX
y
z
x
−0.563725
−0.438453
−0.313181
−0.187908
−0.062636
0.062636
0.187908
0.313181
0.438453
0.563725

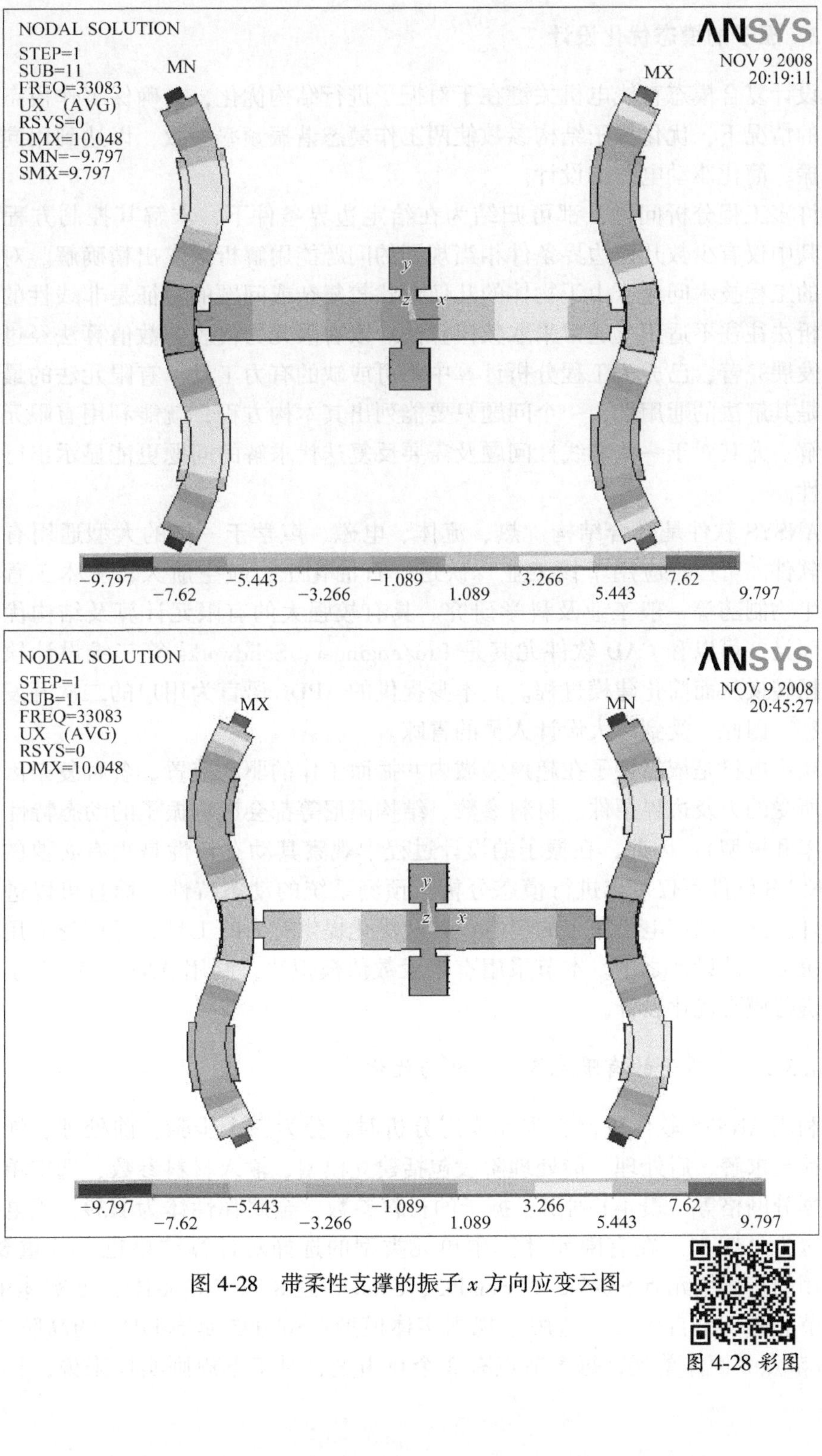

图 4-28　带柔性支撑的振子 x 方向应变云图

图 4-28 彩图

4.3.2　振子的模态优化设计

设计复合模态直线电机关键在于对振子进行结构优化，在确保工作模态振型不变的情况下，优化振子结构参数使两工作模态谐振频率一致，以达到用同一频率激振，简化驱动电路的设计。

许多工程分析问题，都可归结为在给定边界条件下，求解其控制方程的问题。其中仅有少数几何边界条件相当规则的问题能用解析法求出精确解。对于大多数的工程技术问题，由于物体的几何形状较复杂或问题的特征是非线性的。这时解析法往往不适用，通常采取数值算法。以有限元为代表的数值算法经过几十年的发展完善，已成为工程分析计算中不可或缺的有力工具，有限元法的最大优势就是其解法的通用性，一个问题只要能列出其本构方程，就能利用有限元法进行求解。尤其对于一些非线性问题及需要反复迭代求解的问题更能显示出巨大的优越性。

ANSYS 软件是融合结构、热、流体、电磁、声学于一体的大型通用有限元分析软件。可广泛应用于核工业、铁道、石油化工、航空航天、土木工程、造船、生物制药等一般工业及科学研究。具有较强大的有限元计算及结构优化功能。而且，可以和 CAD 软件尤其是 Pro/engineer、Solidworks 等三维设计软件实现数据转换从而简化建模过程。其本身提供的 APDL 语言为用户的二次开发带来了便利。因此，受到广大设计人员的青睐。

超声电机是依靠振子在超声频域内共振而工作的驱动装置。各种复杂因素如振子所受的力及边界条件、材料参数、结构阻尼等都会影响振子的动态特性（共振频率和振型）。因此，在振子的设计过程中观察其动态特性是很有必要的。利用 ANSYS 软件不仅可以进行模态分析，预测系统的动态特性，而且可以进行优化设计。这为超声电机振子的模态设计及优化提供有力的工具，已广泛应用于超声电机振子的设计之中。本节采用有限元数值模拟法，利用 ANSYS 软件对 H 形振子进行模态优化设计。

4.3.2.1　振子的有限元模态分析与优化

利用 ANSYS 软件进行有限元模态分析时，分为三个步骤：前处理、施加约束载荷与求解、后处理。前处理阶段包括建立模型、输入材料参数、选定单元类型、划分网格等。表 4-1 列出了振子的材料参数，金属弹性体为 H59，压电陶瓷材料选为 PZT-81。在有限元计算中单元类型的选择对计算结果也十分重要的。较常用的实体单元有 Solid45 和 Solid95，Solid45 是 8 节点 6 面体三维实体单元，每个节点有 3 个自由度，适用于规则实体模型；Solid95 是 Solid45 的高阶单元，是 20 节点 6 面体单元，每个节点有 3 个自由度，对于不规则实体来说，具有较高的精确性。用ANSYS进行压电分析时，压电体单元通常选择Solid5和Solid98机电耦合单元，Solid5是一种三维实体单元可做磁场、热场、电场、压电等耦合模拟计算，它是8节点6面体单元，每个节点有6自由度，适用于规则形状的实体。Solid98是10节点4面体压电单元，每个节点有6自由度，适用于不规则实体。本书H振子形状较规则，因而有限元分析时选用Solid45单元和Solid5单元。

表4-1 H形振子的材料参数

参数	弹性体（含柔性支撑）	压电陶瓷
材料	黄铜	PZT-81
密度/($kg \cdot m^{-3}$)	8400	7450
杨氏模量	1.1×1011 Pa	各向异性
泊松比	0.3	

有限元法通常将某个工程结构离散为有限个分散的实体，称之为单元。在ANSYS中是以网格的形式体现的，分散的单元之间通过节点相互连接。所以，用有限单元法中所分析的结构，是相同材料的众多单元以一定形式连接而成的离散体。所以说有限元计算的结果只是近似的。一般来说，单元划分越细描述问题越精确，但计算成本也越大。所以网格划分方式和单元大小与计算结果和计算成本息息相关。在ANSYS中划分网格有自由分网和映射分网两种方式。自由分网适用于不规则实体模型，映射分网适用于规则实体模型。

表4-2为振子在两种分网方式情况下，对计算成本进行对比所得到的数据。从表4-2中可以看出，相同的单元大小，自由分网的单元数是映射分网的19倍，CPU耗时约为7倍，所耗内存约为10倍。所以，对于规则实体来说，选择映射分网比自由分网要节省计算成本，能提高计算效率。单元尺度的选择在有限元分析中也是很重要的，合理的单元尺度，能保证结果误差在允许的范围内，计算机所耗内存、CPU耗时最小。

表4-3给出了在映射分网的情况下，几种不同单元尺度，所对应的计算成本。从表4-3中可以看出，随着单元变小，单元数节点数增加，计算所需内存、时间也相应增加。如果单元过大，计算结果的精确度降低。在对振子的有限元分析过程中需要做大量反复计算工作，综合考虑计算成本与计算精确度，选用单元尺度为1 mm。

在有限元分析时还应考虑施加约束的问题，在前面的振子的结构设计中，确定了振子的柔性支撑结构，但是在有限计算中应考虑如何施加约束的问题，约束的施加尽量应接近现实的边界条件。本书的样机做成它行式，即振子通过M2螺钉固定在支座上，所以约束条件应施加在固定结构中心对称2 mm范围内，如

图4-29所示，经有限元分析计算，约束条件对两工作模态的振型无影响，只影响弯曲振动模态固有频率，施加约束后频率变化只有几十赫兹，在允许范围内，所以施加此约束方案是可行的。

表 4-2　两种分网方式计算成本对比

参数	映射划分	自由划分
单元大小/mm	1	1
单元数量	8736	168475
节点数	11745	109787
所需内存/MB	31.68	326
CPU耗时/s	94.65	650.40

表 4-3　不同单元大小计算成本对比

单元大小/mm	CPU耗时/s	所需内存/MB	单元数	节点数
0.5	323.67	190.77	58048	68527
0.7	178.65	113.15	33776	40847
0.8	132.01	72.95	21728	36885
0.9	115.25	67.36	19968	24751
1.0	94.65	31.68	8736	11745
1.5	86.56	16.21	4176	5943

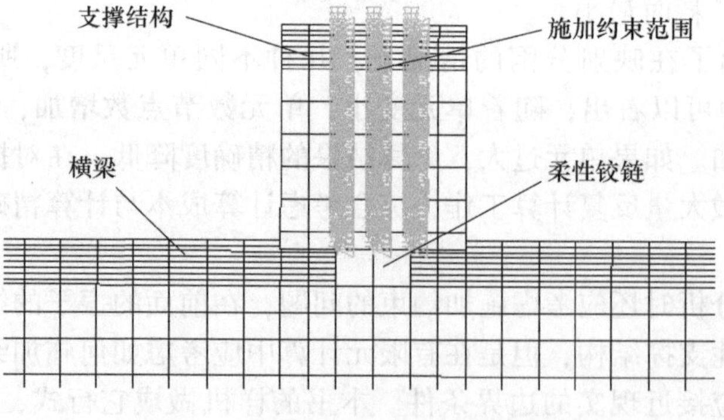

图4-29　有限元模型中的约束条件

设计复合模态直线电机关键在于如何用同一频率电信号，同时激发出种工作模态。这需要对振子的结构进行优化。使振子的两工作模态满足：

(1) 共振频率点接近（频率差最小），即在两共振频率范围内用某一频率的电信号激励时两模态都能接近共振状态，振幅足够大；

(2) 在优化过程中观察振型，使之在允许的误差范围内保持不变；

(3) 纵、弯振动模态的振幅应足够大以满足驱动要求。

在 ANSYS 中建立振子的有限元模型如图 4-30 所示，通过调节振子结构尺寸参数，来完成对振子振动模态频率差最小化的动态设计。通过前几节的分析已经确定了振子的基本结构及工作模态。但是，振子结构的具体尺寸、陶瓷片的位置、柔性铰链及支撑结构的尺寸等都需要进一步优化才能获得。通过大量反复的“试算-修改-试算”工作，最终确定振子各部分的结构（见图 4-31）几何参数，如表 4-4 所示。振子的工作模态如图 4-32 所示，图 4-32（a）为伸缩振动模态，其固有频率为 33075 Hz；图 4-32（b）为弯曲振动模态，其固有频率为 33083 Hz，频率差为 8 Hz。

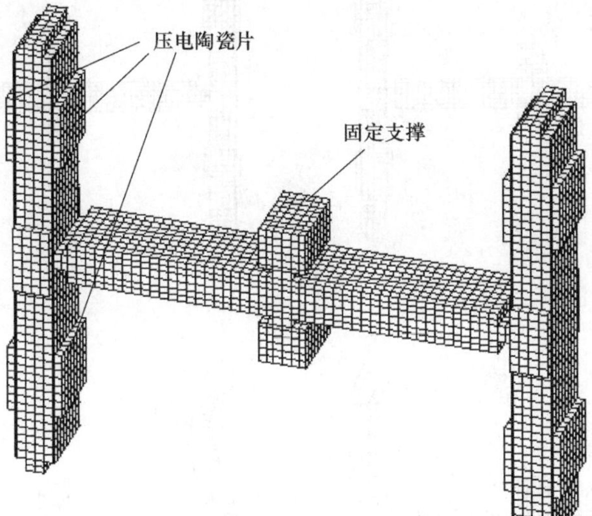

图 4-30 H 形振子有限元模型

表 4-4 H 形压电振子的结构参数 （mm）

L_1	L_4	b_2	L_3	L_2	b_1	q_{dzg}	q_{dzb}	z_h	z_b	c_h	s	h
46.54	4.4	52	5.0	1.5	2.0	1.5	2.0	1.0	2.0	5.0	16.0	8.0

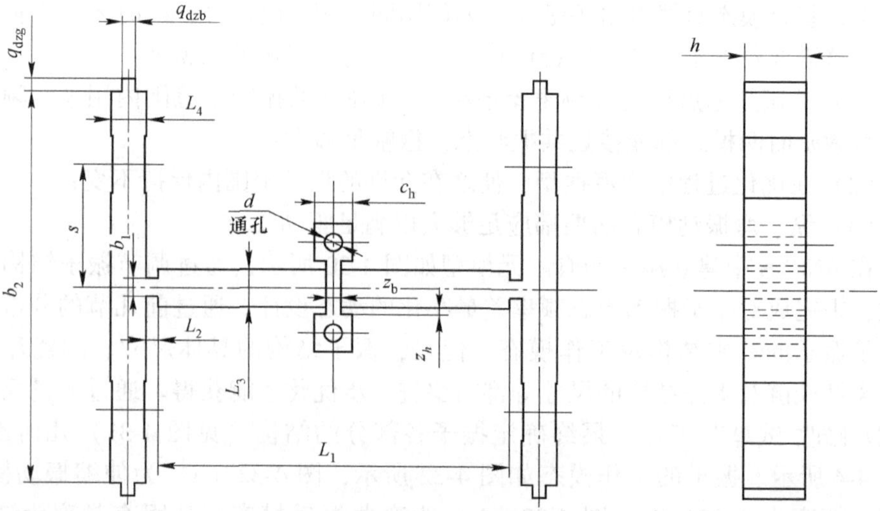

图 4-31　H 形振子结构图

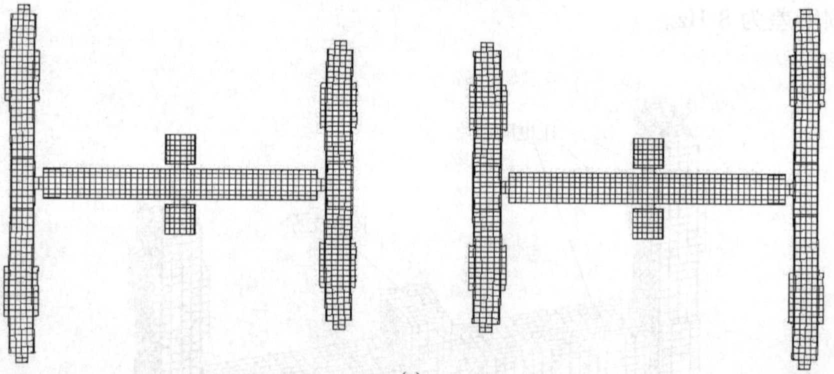

(a)

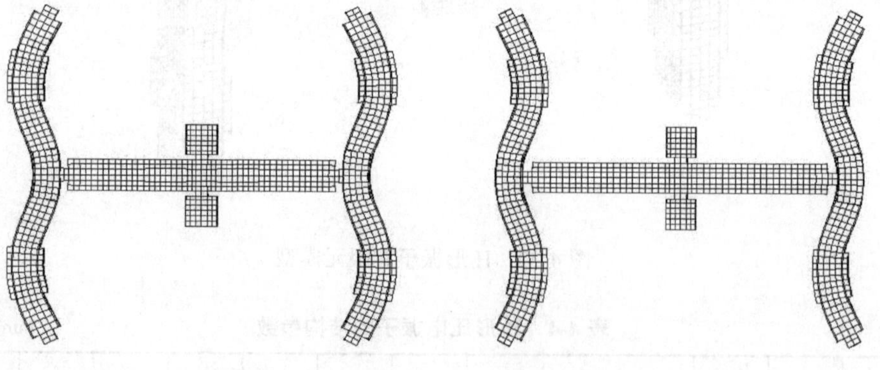

(b)

图 4-32　振子的工作模态

（a）工作模态 1，$f_1 = 33075$ Hz；（b）工作模态 2，$f_2 = 33083$ Hz

4.3.2.2 工作模态的影响因素分析

应用 ANSYS 软件对振子进行模态分析，找出可用工作模态，调整各结构参数，使两工作模态频率差最小。在对振子进行有限元模态分析过程中，有诸多因素影响振子的振动模态；本节讨论振子的主要结构参数对频率的影响。分析这些影响因素可起到如下作用：可以对模态变化趋势做出监控，在优化过程做到有的放矢。另外，分析对模态影响较为敏感的结构尺寸，以便在加工环节对这些尺寸尽量减少加工误差，保证制作的振子振动模态的准确。根据振动理论，直梁长度和厚度对梁的纵、弯振动模态影响较大。图 4-33 所示尺寸 b_2 同时影响纵、弯模态的固有频率，b_2 增大，两模态频率均减小。保持其他参数不变，调整 L_4 在 4 mm 到 4. 8 mm 之间变化时，纵、弯模态固有频率均增加。如图 4-34 所示，弯曲模态近似线性变化且斜率较大，伸缩振动模态频率变化较平缓，L_4 在 4. 4 mm 时两曲线有交叉点。

图 4-35 和图 4-36 为中间横梁尺寸对固有频率的影响曲线，从两幅图曲线变化趋势可知，横梁长度 L_1、厚度 L_3 对伸缩振动模态几乎无影响。对弯曲振动模态影响严重。当 L_1 大于 46. 55 mm 时弯曲振动模态振型发生变化，在弯曲振动同时纵向发生位移变化，对电机会产生不利影响。

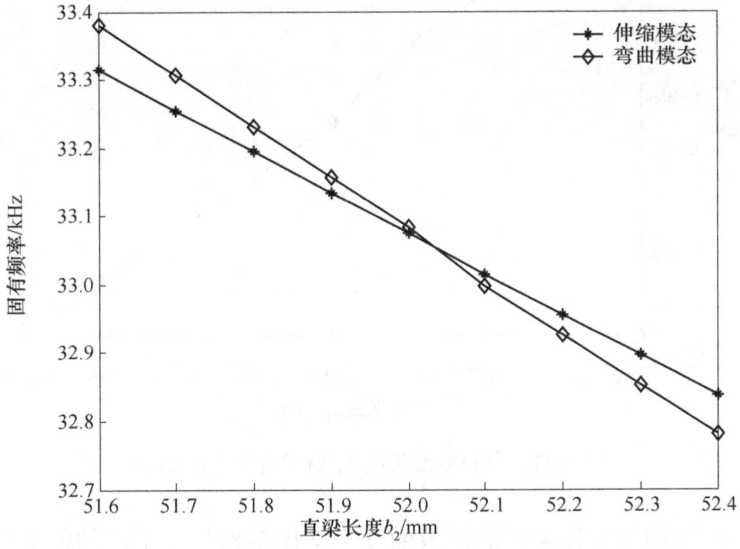

图 4-33 直梁长度 b_2 对固有频率的影响

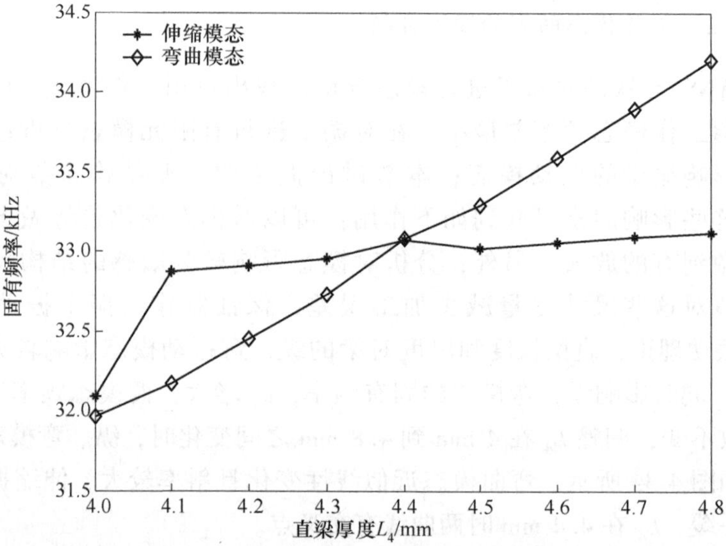

图 4-34　直梁厚度 L_4 对固有频率的影响

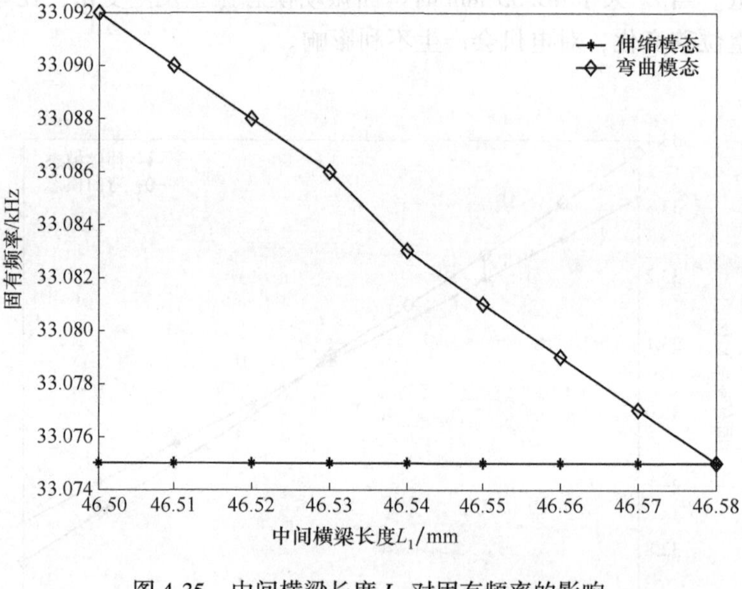

图 4-35　中间横梁长度 L_1 对固有频率的影响

由于支撑结构选在振动模态的节面处，支撑结构与振子之间的柔性铰链对模态影响很小。通过分析发现，此铰链尺寸变化时，频率差变化范围在几十赫兹。然而，纵横梁间的柔性铰链对振子的两模态的影响较为敏感。如图 4-37 和图 4-38 所示，柔性铰链厚度 b_1 对两工作模态影响较为严重。在模态分析过程中发现柔性

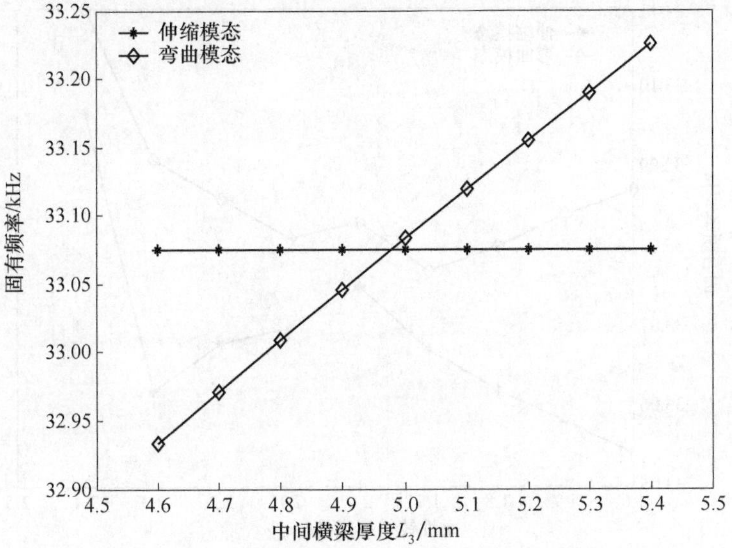

图 4-36 中间横梁厚度 L_3 对固有频率的影响

铰链尺寸 b_1 在（2±0.2）mm 范围内变化时，两振动模态基本符合所需要的振型。超出这一范围，弯曲模态振型有明显变化（纵向有位移变化），会导致电机无法工作。因此，在加工制作时，应保证其足够的尺寸精度。柔性铰链长度 L_2 的变化对伸缩振动模态几乎无影响，对弯曲振动模态的频率影响较大。

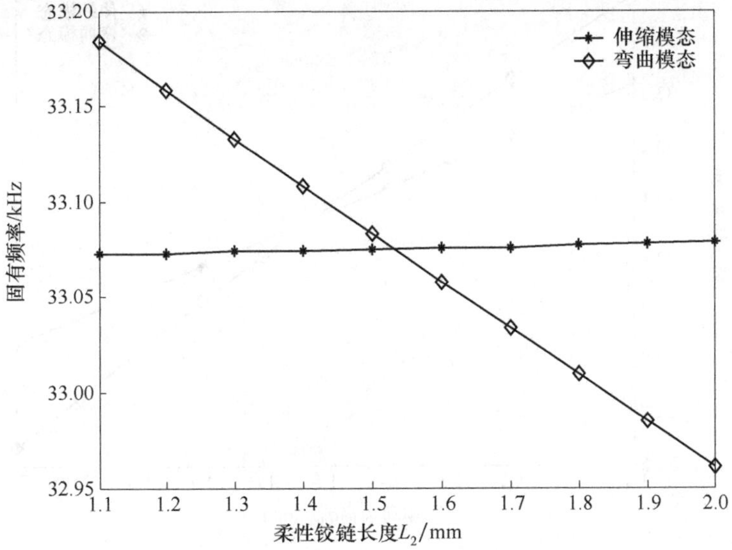

图 4-37 柔性铰链长度 L_2 对固有频率的影响

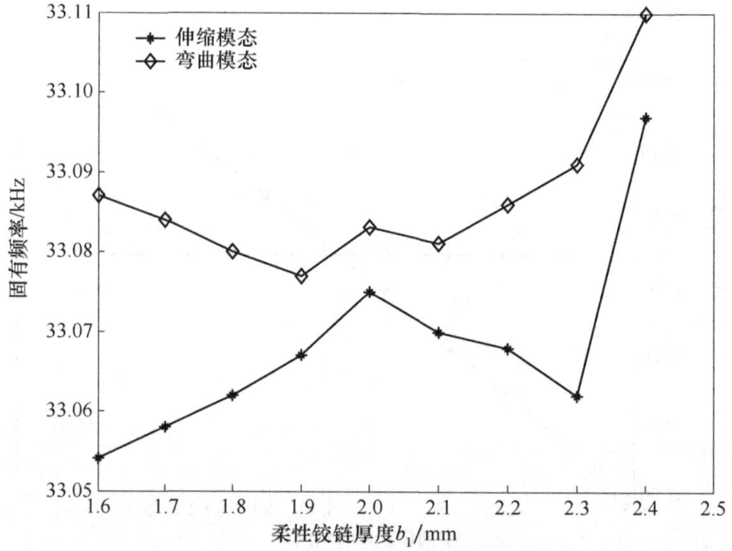

图 4-38　柔性铰链厚度 b_1 对固有频率的影响

图 4-39 和图 4-40 为驱动齿尺寸对固有频率的影响曲线。从图 4-39、图 4-40 的曲线可以看出，两工作模态固有频率呈相同趋势变化，频率差变化较小。可以认为驱动齿尺寸参数变化对振子的工作模态影响不大。

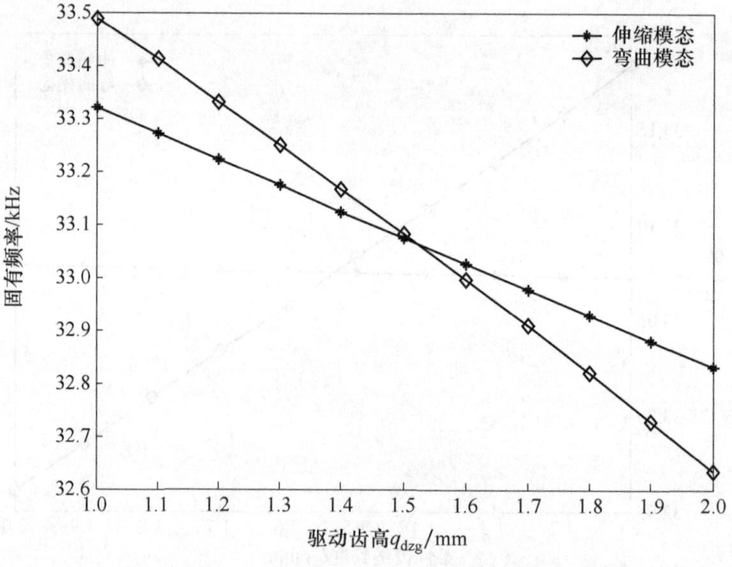

图 4-39　驱动齿高 q_{dzg} 对固有频率的影响

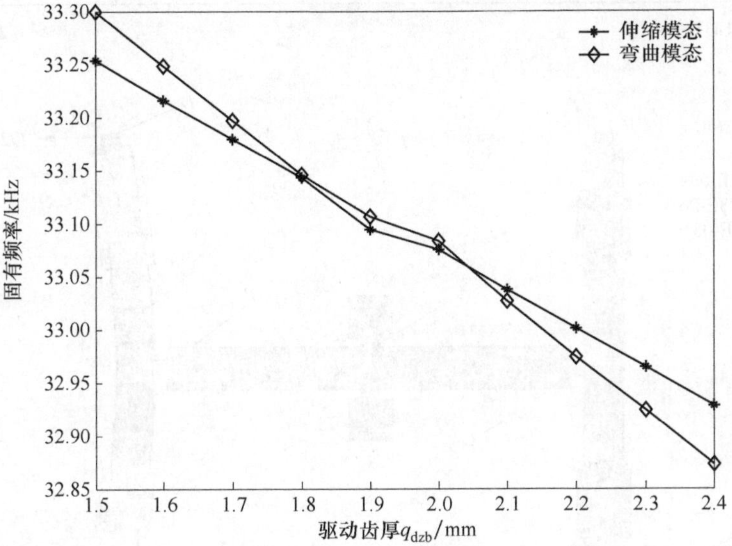

图 4-40 驱动齿厚 q_{dzb} 对固有频率的影响

4.3.3 振子的刚度分析

由于直线超声电机是通过振子驱动齿拨动动子滑块做直线运动的，振子的柔性铰链、驱动齿部位往往是主要受力部位，而且结构比较薄弱。因此，有必要对振子的驱动齿、柔性铰链部位进行静力学分析，分析各节点位移对力载荷响应情况，即振子的刚度分析。由于振子两侧直梁是交替工作的。因此，在振子的单侧直梁两驱动齿端部 x 轴方向（与动子运动方向反向）施加力载荷 F，观察柔性铰链、驱动齿各节点 x 轴向位移变化。

在柔性铰链、驱动齿上取四个节点 A、B、C、D 在振子两侧驱动齿施加力载荷 F，观察节点 x 轴向位移变化。图 4-41 为振子在力载荷作用下各节点位移变化云图，可以看出，驱动齿端部位移变化最大。图 4-42 为各节点刚度曲线，曲线的斜率为各节点的刚度。图 4-42（a）为柔性铰链处 A、B、C 节点刚度曲线，从曲线斜率可知 A 点刚度最大 12 N/μm，B 点刚度最小为 3.7 N/μm。图 4-42（b）为驱动齿 D 节点刚度曲线，刚度为 0.074 N/μm。

本节对 H 形振子进行了结构设计。从理论上计算了直梁的纵弯振动模态频率与直梁长度的关系，通过解析法确定振子两侧直梁的长度和厚度范围；提出了一种基于柔性铰链的支撑结构。利用有限元分析软件对振子进行了频率差最小化设计，确定了振子的各结构尺寸参数。最后，对影响振子工作模态固有频率的因素进行了分析，中间横梁尺寸和纵、横梁之间的柔性铰链尺寸参数对工作模态影响较为敏感。

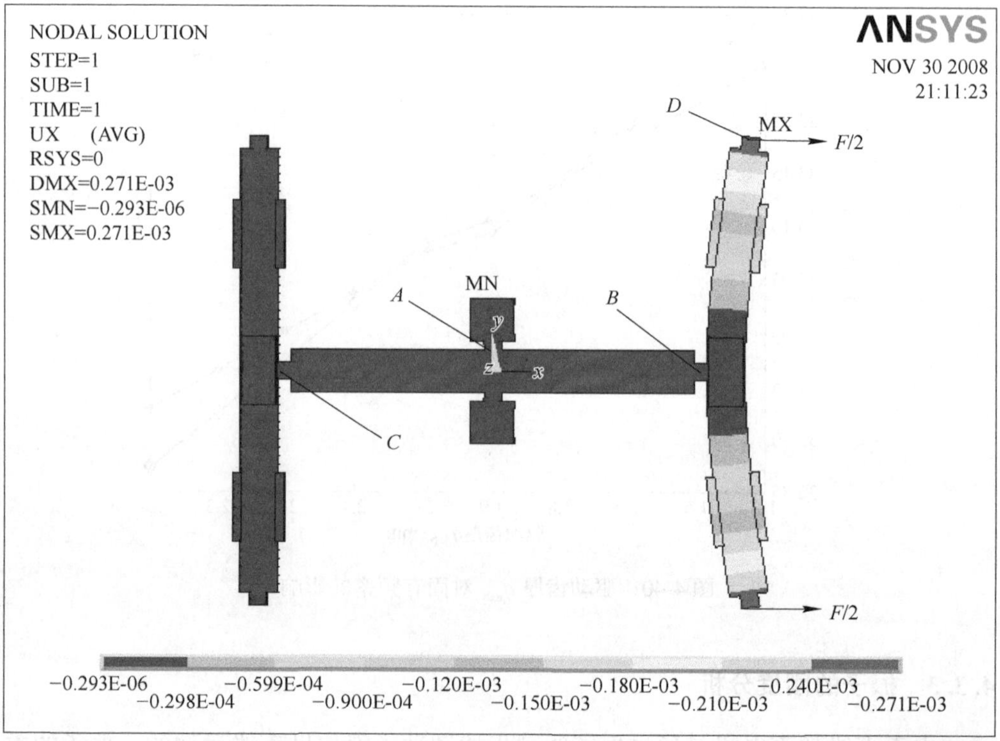

图 4-41　振子在力载荷作用下应变云图

图 4-41 彩图

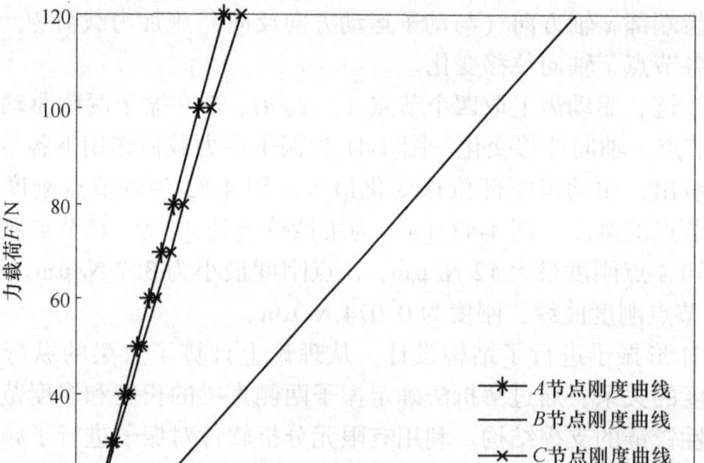

(a)

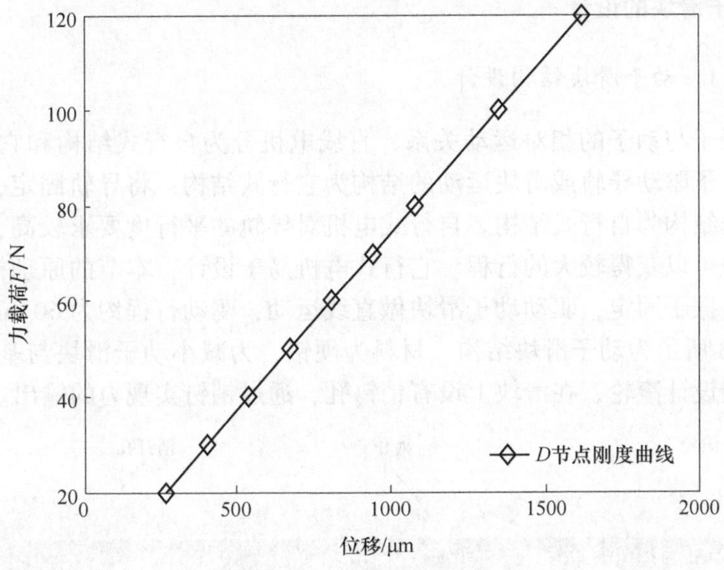

(b)

图 4-42　各节点刚度曲线

(a) *A*、*B*、*C* 节点刚度曲线；(b) *D* 节点刚度曲线

4.4　原理样机的设计与制作

设计原理样机主要是为了测试振子的驱动方案是否可行、驱动性能是否良好，验证结构设计的合理程度。样机主要由 H 形振子、动子滑块、振子支座、预紧力装置，以及底座、测试支架构成。在样机结构中振子是其核心，为电机的定子，滑块为动子，其余部分为辅助结构。通过前几节的振子驱动原理分析、结构优化设计工作已经完成了振子的设计。本节主要的工作是完成样机的整体结构设计及装配。

随着计算机技术的飞速发展，计算机辅助设计技术（CAD）被广泛地应用于机械、电子、建筑等各个领域。Pro/E 是 PTC 公司开发的用于机械产品设计的三维制图软件，它具有较强的实用性，在设计过程中使设计人员对设计产品的整体概念有直观的把握。容易检查设计中的不足之处，在设计过程中加以改正。本书使用 Pro/E 软件对样机的各结构部件进行设计，并完成样机的总体装配结构的设计。

4.4.1　动子滑块的设计

4.4.1.1　动子滑块结构设计

按照振子与动子的相对运动关系，直线电机分为自行式结构和它行式结构。振子作为定子驱动导轨或滑块运动的结构为它行式结构；将导轨固定，振子作为动子运动的结构为自行式结构。自行式电机对导轨的平行度要求较高，设计上比较复杂，但可以获得较大的行程。它行式电机易于设计，本节的原理样机采用它行式结构，振子固定，驱动动子滑块做直线运动，驱动行程约为 60 mm。

图 4-43 所示为动子滑块结构，材料为硬铝，为减小动子滑块与基座的摩擦，在滑块两端设计滚轮，在滑块上设有销钉孔，通过销钉实现力的输出。

图 4-43　动子（滑块）结构图

4.4.1.2　摩擦材料选择

超声电机是通过摩擦力驱动动子工作的，接触界面的摩擦力将受到振动振幅、接触面积及滑动速度等因素的影响。为了提高超声电机的能量转换效率、降低定子和动子磨损、延长电机的寿命，在定子与动子的接触面黏结摩擦材料。这对改善定子与动子的磨损特性，提高能量传递效率、延长电机寿命十分关键。由于振子的驱动齿与动子的接触面很小，如果在驱动齿端面上粘贴摩擦材料将会给粘贴工作带来困难。另外，振子上粘贴摩擦材料势必影响振子的工作模态。因此，将摩擦材料粘贴在动子滑块上。摩擦材料是电机摩擦能量耦合的重要因素。摩擦材料的选择，除考虑电机的转换效率外，还要考虑对摩擦表面的磨损、发热、噪声等。一般应注意以下几点因素：

（1）摩擦材料与振动体（定子）之间的摩擦系数；

（2）摩擦材料本身的硬度；

（3）摩擦材料的磨损寿命；

（4）摩擦材料对整体谐振频率的影响等。

超声电机的摩擦材料既要求耐磨，又要求摩擦系数不能太低，这显然是矛盾的，只能寻找一个平衡点，较耐磨同时摩擦系数较高。

通常用于超声电机的摩擦材料有以下 4 种：

（1）橡胶基摩擦材料；

（2）树脂基摩擦材料；

（3）粉末冶金烧结含油金属摩擦材料；

（4）表面陶瓷涂层摩擦材料。

国内虽有不少有关摩擦材料的研究，目前，还没有找到一种非常合适的材料作为电机的摩擦材料来提高超声电机的寿命及传递效率。本节选用哈尔滨工业大学研制的稀土改性聚四氟乙烯摩擦材料，其摩擦系数为 0.15~0.2，硬度为 85~90 HRM，压缩弹性模量为 1500~2000 MPa，密度范围为 2294~2454 kg/m³。

4.4.2 振子支座的设计

振子支座的作用主要是对振子起支撑固定作用，振子制作的设计应尽量满足振子有限元分析时的边界约束要求，振子支座的材料要有较高的刚度对振子起边界约束作用，采用 45 号钢。图 4-44 所示为振子支座结构，振子通过螺栓固定在支座中部的凸台上，设计凸台的目的是避免振子的两侧直梁与支座接触，保证支座不影响振子的工作模态。

图 4-44 振子支座

4.4.3 预紧力装置的设计

直线超声电机是利用压电陶瓷的逆压电效应激发压电振子的工作模态，依靠振子与动子摩擦力驱动动子作直线运动的装置。因此，必须对振子施加正压力才能保证振子与动子之间的摩擦力的产生。为此，本书设计了一种对振子施加正压力的预紧力装置，如图 4-45 所示，加力装置由加力滚轮、圆柱压缩弹簧、调节螺栓和导向部件组成。加力滚轮与动子滑块接触并传递预紧力，导向部件为预紧力的形成和传递提供一个平台，同时，对力的施加起到导向作用，保证力的施加方向与动子滑块接触面垂直。圆柱压缩弹簧在压力的作用下发生形变，通过加力滚轮将压力施加到动滑块上。

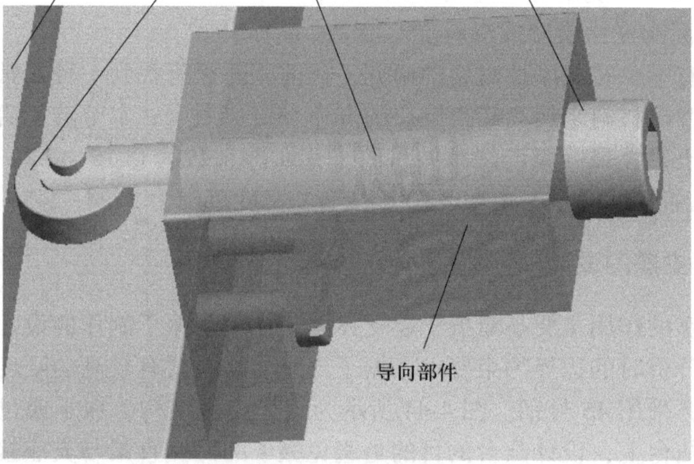

图 4-45　预紧力装置

原理样机作为一种试验测试装置，其整体设计为了测试振子的驱动性能，便于对振子进行加载测试。图 4-46 所示为样机的三维结构图，反映了电机的整体结构概念。样机由 H 形振子、基座、动子滑块、振子支座、预紧力装置、测试支架等几部分构成。激发振子的纵、弯振动工作模态，振子通过摩擦驱动动子滑块往复做直线运动，通过测试支架提升重物可进行加负载测试。在加工制作样机

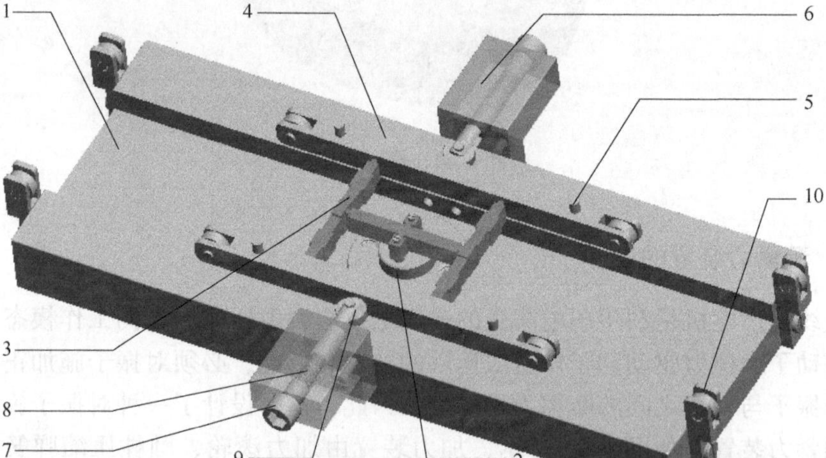

图 4-46　样机的三维图

1—基座；2—支座；3—H 形振子；4—动子滑块；5—销钉；
6—导向件；7—调节螺栓；8—弹簧；9—加力滚轮；10—测试支架

时，应注意基座的上表面特别是基座与动子滑块滚轮接触面的光整度，以保证动子运行平稳；在设计加力装置时，应保证加力滚轮轴与导向孔过渡配合。在样机装配时应注意：振子通过 M2 螺钉与支座固定，螺钉松紧程度是影响振子工作模态的重要边界条件，所以，装配螺栓的松紧要适度，在电机测试过程中应加以微调。

原理样机作为一种试验性质的测试装置，主要是为了测试振子的驱动性能，振子的设计是否合理。本章设计了样机的动子滑块、支座、基座、预紧力装置等结构，并为样机选择了摩擦材料。最后，完成了样机的整体概念设计，为样机的加工制作提供理论指导。

4.5 样机的试验研究

在前几节的工作中，主要对 H 形振子的几种振动模态进行了对比分析，选取了一种 3 阶对称弯曲振动模态和 1 阶交替伸缩复合振动模态作为振子的工作模态，对振子进行了优化设计，并对振子的驱动原理进行了研究，完成了样机结构设计与制作。本节的主要工作是对振子的工作模态测试，对样机的输出性能进行测试研究。

4.5.1 振子的工作模态测试

4.5.1.1 试验仪器与模态测试原理

（1）试验测试仪器：

1）德国 Polytec 公司生产的 OFV-505/5000 Vibrometer 激光测振仪；

2）丹麦 B&K 公司生产的 2713 型功率放大器（Power Amplifier）；

3）Tektronix DSO 公司生产的 AFG620 任意波形发生器；

4）Agilent DSO6014A 多通道高频数字存储示波器；

5）试验室自制直线运动工作台；

6）砝码、秒表、万用表、测力计等。

试验测试仪器如图 4-47 所示。

（2）模态测试原理。试验装置按图 4-48 所示连接，箭头表示信号流通方向。首先，由信号发生器产生正弦或余弦信号，经由功率放大器将信号电压放大，功率放大器连接有示波器可对电压值进行监控，放大后的电压加载到振子的压电陶瓷片上，振子的响应信号由激光测振仪接收，并由示波器显示出响应信号的振动曲线。

激光测振仪的感光头采集到的信号，经由示波器显示出振动频率以及振动的振幅峰-峰值。但是，振幅峰-峰值以电压形式给出，需要进行转换才能得出振动

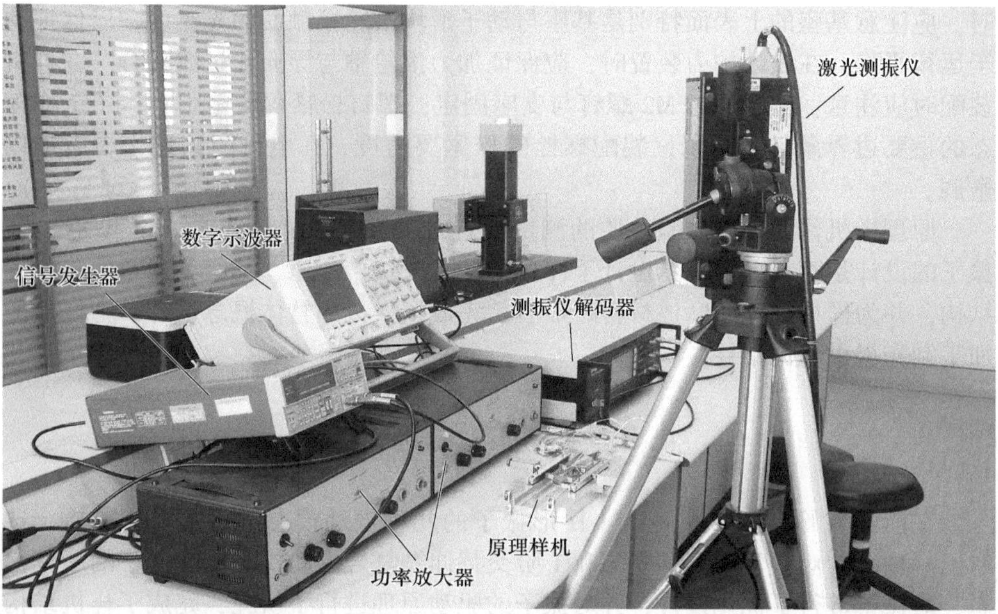

图 4-47　试验测试装置

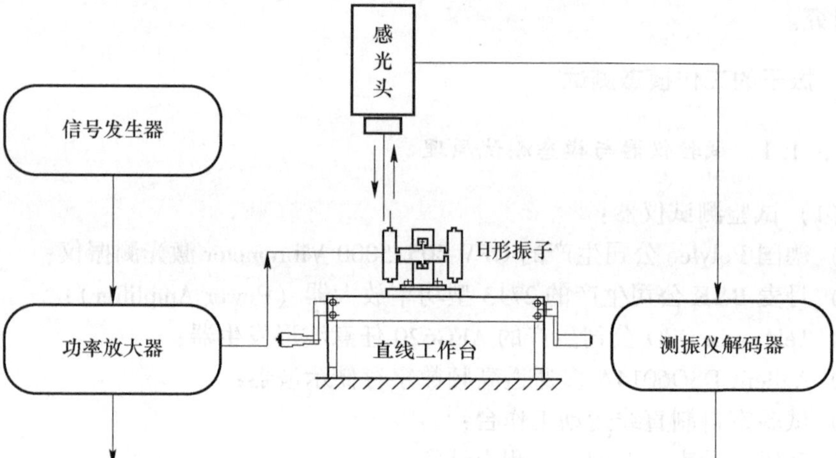

图 4-48　试验测试装置连接线路图

幅值，其转换公式为：

$$A = \frac{K \cdot V}{4\pi f}$$

试验测试时，通过调节信号发生器的频率，同时观察示波器波形的变化，波形变化峰值点所对应的频率即为所对应模态的谐振频率，通过微调信号发生器激励频率可找出振子的所需的共振频率。另外，通过观察示波器上的振幅的峰-峰值由式（4-42）可计算得到测试模态的振动幅值。

4.5.1.2 压电陶瓷片分组编号

压电振子通过高频交变电信号激励压电陶瓷而产生所需的振动模态，压电陶瓷片的布置及粘贴位置对振子的工作模态有着重要的影响。在对振子进行模态测试之前对振子的压电陶瓷片及振子的直梁进行分组编号能够便于更好地解释模态测试过程，如图 4-49 所示。图中 x-y 坐标系 x 轴负向纵向直梁为 1 号直梁，x 轴正向纵向直梁为 2 号直梁。

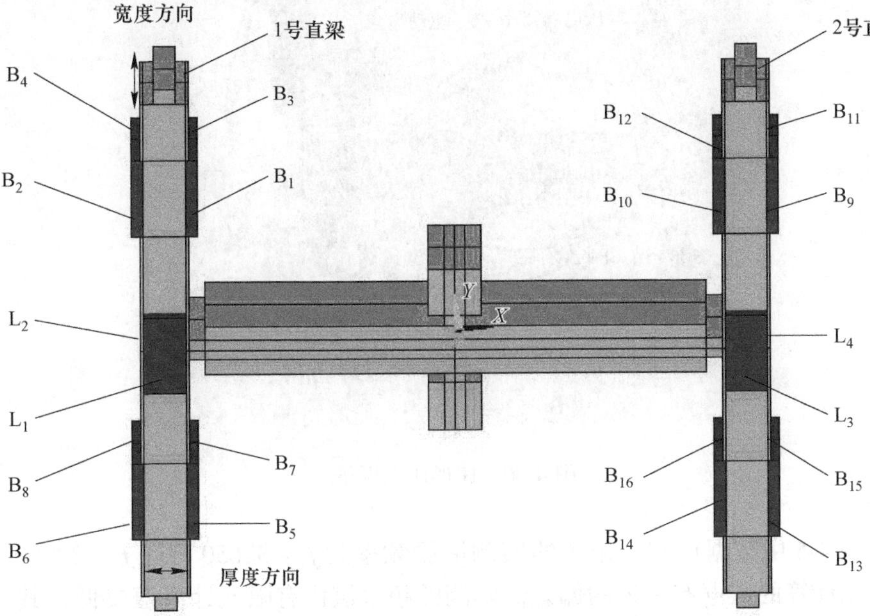

图 4-49 压电陶瓷片编号

压电陶瓷片分为两组：$L_1 \sim L_4$ 贴于两侧纵向直梁中部，L_1 与 L_2、L_3 与 L_4 分别关于纵向直梁宽度方向对称粘贴且极化方向相反用来激发 1 阶伸缩振动模态；$B_1 \sim B_{16}$ 用来激发直梁的 3 阶对称弯曲振动模态，$B_1 \sim B_8$ 贴于 1 号直梁两端部（弯曲振动模态波腹处），B_1、B_3、B_5、B_7 与 B_2、B_4、B_6、B_8 关于 1 号直梁厚度方向对称极化方向相同，$B_9 \sim B_{16}$ 贴于 2 号直梁两端部，B_9、B_{11}、B_{13}、B_{15} 与 B_{10}、B_{12}、B_{14}、B_{16} 关于 2 号直梁厚度方向对称极化方向相同。

4.5.1.3　振子的谐振频率与幅频特性

根据前几节设计的振子结构与结构优化结果，加工制作了振子如图 4-50 所示，模态测试时将频率设定在 ANSYS 模态分析结果的数值上，在其附近进行微调，通过扫描两侧纵向直梁的侧面来确定弯曲模态的振型及共振频率。由于测试条件的限制，对于伸缩振动模态的测试，参照有限元模态分析的计算结果（伸缩模态的固有频率低于弯曲模态的固有频率），通过激光测振仪纵向扫描直梁端部驱动齿测试点，与实测的弯曲振动模态的共振频率最接近，且低于弯曲振动模态共振频率的峰值点的频率即为所需要的伸缩振动模态的共振频率。将振子工作模态的谐振频率与有限元法计算得到的固有频率进行对比，如表 4-5 所示。

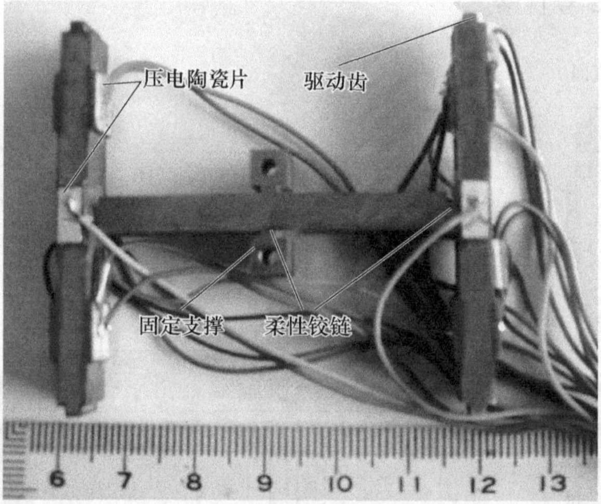

图 4-50　H 形压电振子

从表 4-5 中数据可知，振子的实测谐振频率为 $f_1 = 30650$ Hz、$f_2 = 30880$ Hz，与有限元计算的数据有一定的偏差。实测的频率值比有限元计算值要低，其原因是在测试时振子的边界条件与有限元计算时相比发生了变化。另外，利用有限元分析软件对振子进行模态分析以及结构优化时，有限单元网格的大小以及材料属性参数与实际材料属性之间有偏差，另外，压电陶瓷片与弹性体之间黏结层的等因素都对振子的谐振频率产生影响，导致了计算结果与实测数据之间有一定的偏差。

表 4-5　工作模态的谐振频率　　(Hz)

工作模态	符号	固有频率	谐振频率
伸缩模态	f_1	33075	30650

续表 4-5

工作模态	符号	固有频率	谐振频率
弯曲模态	f_2	33083	30880
频率差值	Δf	8	230

试验测得振子的两工作模态的共振频率的频率差为 230 Hz，要想实现同频下同时激发两工作模态同时达到共振不易实现。如图 4-51 所示，为振子 1 号直梁测试点的纵、弯振动模态幅频特性曲线，从图 4-51 中可看出两条幅-频特性曲线的峰值点比较接近。但是，每条曲线共振频率范围的带宽比较窄，而且在峰值点附近振幅变化较大，也就是说激振频率对振子的工作模态较为敏感。但是，在 30. 60 kHz 与 30. 80 kHz 范围之间的某个频率值能使振子的两个振动模态同时接近共振状态。

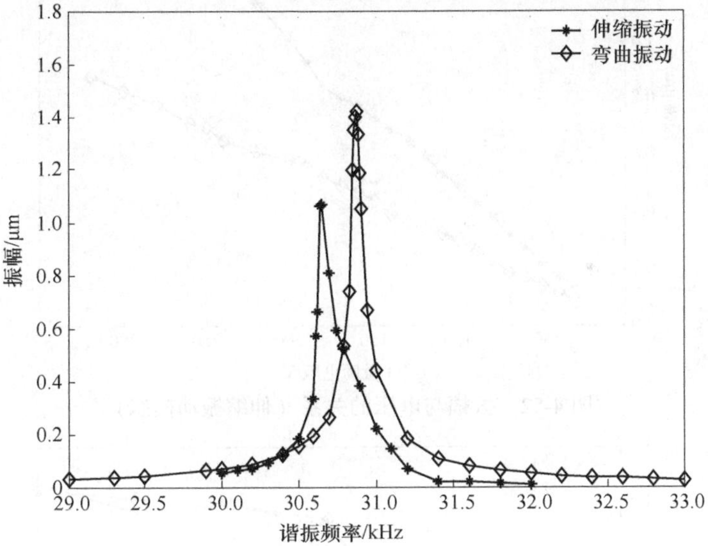

图 4-51　振子幅频特性曲线

4. 5. 1. 4　振幅分布情况测试

伸缩振动模态为动子提供椭圆运动轨迹法向驱动力，弯曲振动模态为动子提供切向的驱动力。法向力决定了振子的输出推力；切向力决定了动子的运行速度。因此，伸缩振动模态驱动齿质点纵向振幅和弯曲模态驱动齿质点横向振幅对振子的输出推力及驱动速度均有很大的影响。图 4-52 所示为伸缩振动模态驱动齿质点纵向振幅与激励电压的关系曲线，图 4-53 所示为弯曲振动模态驱动齿横向振幅与激励电压关系曲线。从图 4-52、图 4-53 中可以看出两模态的振幅都随激励电压的升高而增大，但振幅增到一定值，趋于平稳。需要合理选择激励电压，若激励电压过低振幅就会偏小，压电陶瓷片性能不易发挥；若激励电压过大，振子的振幅过高，压电陶瓷片发热严重容易损坏。从图4-52中可以看出两条曲线吻合得不好，2号直梁的振幅低于1号直梁的振幅，这是由于受该频率附近模态影响造成。图4-53中两曲线吻合得很好，说明1号、2号直梁的弯曲振动振幅基本一致。但是，从两幅图对比来看两模态激励电压不均衡，若想达到同一振幅，伸缩振动模态所需的激振电压要高。这是由于激励两工作模态的压电陶瓷片数量不均造成的，这一问题在试验中可通过调整两路电信号激励的压电陶瓷片数量来解决。

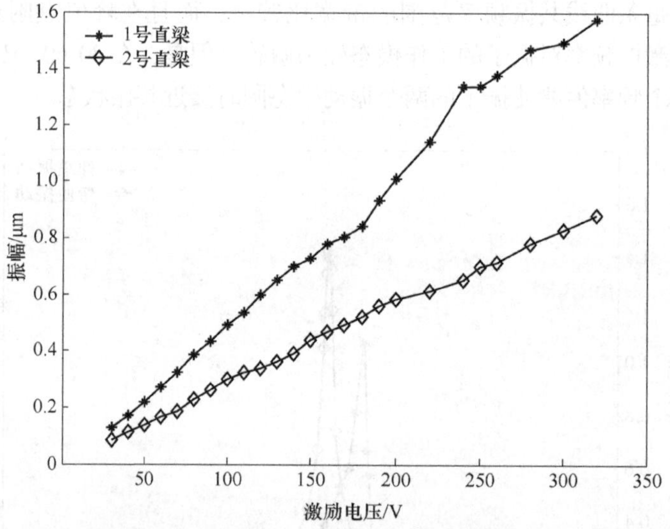

图4-52　振幅与电压的关系（伸缩振动模态）

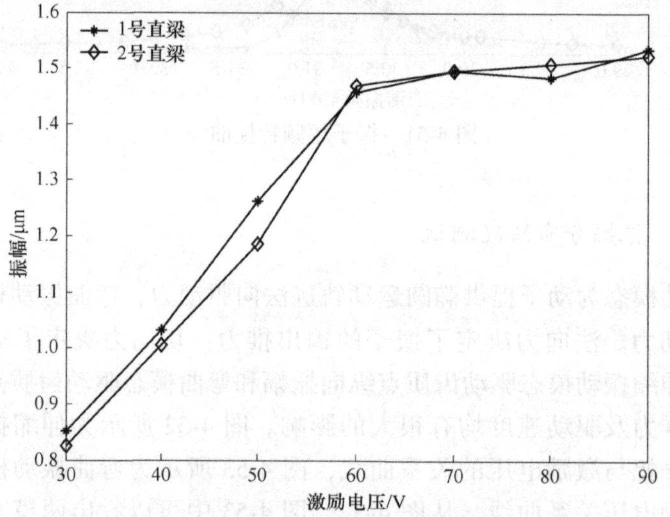

图4-53　振幅与电压的关系（弯曲振动模态）

测试振幅分布情况为了检验振子的振动模态振型与有限元分析模态振型是否一致，由于测试条件有限，只能通过扫描振子两侧直梁 1 和直梁 2 侧面的振幅，通过各直梁测试点的振幅分布情况来确定弯曲振动模态振幅分布。

图 4-54 和图 4-55 所示分别为在电压峰值为 40 V 激振频率为 30.88 kHz，激励 $B_1 \sim B_{16}$ 压电陶瓷片的 1 号直梁和 2 号直梁测试点振幅分布曲线，从图中可知

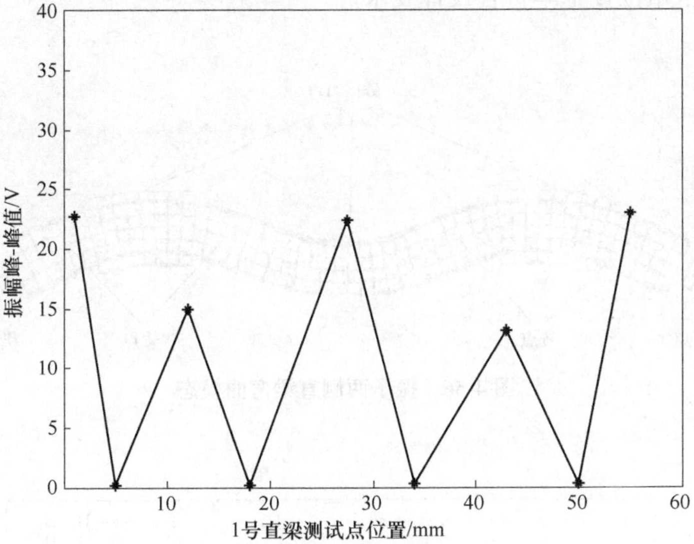

图 4-54　1 号直梁测试点振幅分布曲线

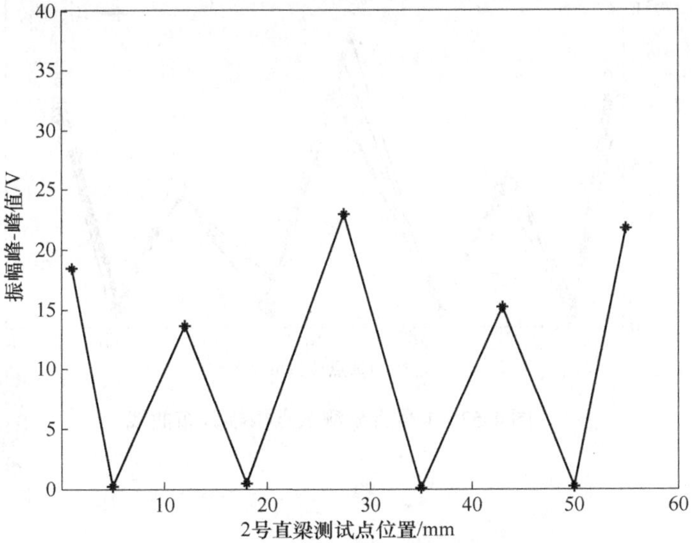

图 4-55　2 号直梁测试点振幅分布曲线

有四个节点（位移为零）三个峰（谷）值点和两个振幅极值点（驱动齿端面上的点）。与图 4-56 所示的振子两侧直梁弯曲振动模态基本相符。将 $B_1 \sim B_{16}$ 分成 8 组，分别以电压峰值 40 V、激振频率为 30. 88 kHz 电信号激励，1 号直梁和 2 号直梁测试点振幅分布曲线如图 4-57 和图 4-58 所示。从图 4-57、图 4-58 可知，每幅图中 8 条曲线基本吻合，而且符合 3 阶弯曲振动模态振幅分布情况，说明各组压电陶瓷片粘贴位置基本符合设计要求。

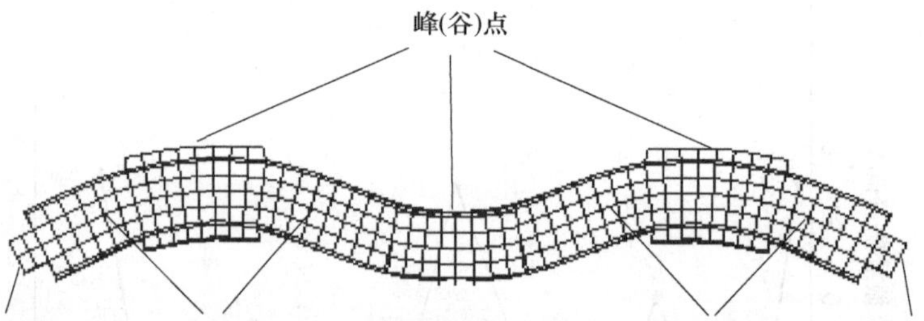

图 4-56　振子两侧直梁弯曲模态

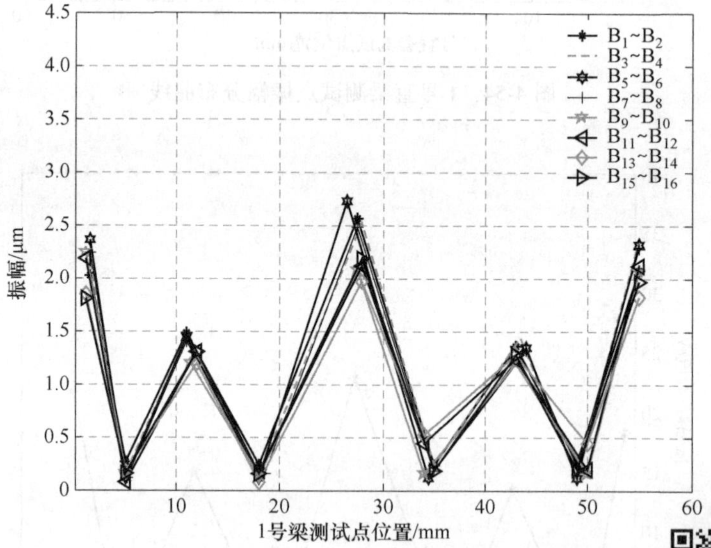

图 4-57　1 号直梁测试点振幅分布曲线

图 4-57 彩图

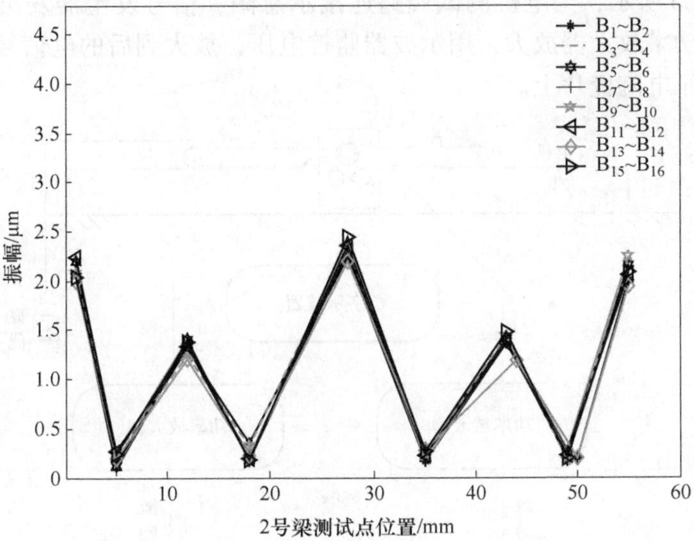

图 4-58 2 号直梁测试点振幅分布曲线

图 4-58 彩图

4.5.2 样机的输出性能研究

根据前几节的设计结果，加工试制原理样机，如图 4-59 所示。把电机固定在试验平台上，用细绳将动子滑块上的销钉经过测试支架与重物（砝码）连接，动子正、反方向运动带动重物运动。

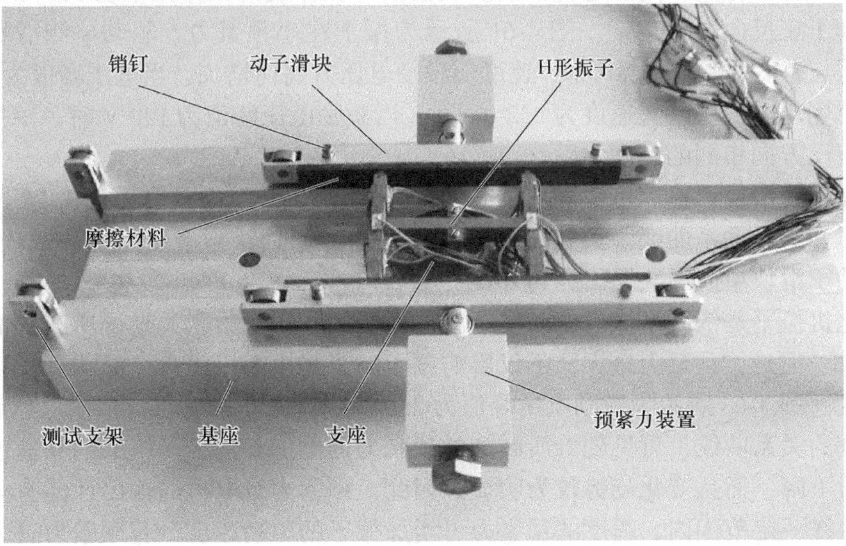

图 4-59 原理样机

如图 4-60 所示，为电机测试线路连接示意图，信号发生器发出两相高频电信号，经过功率放大器放大，用示波器监控电压，放大到后的电信号加载在电机振子的两组压电陶瓷片上。

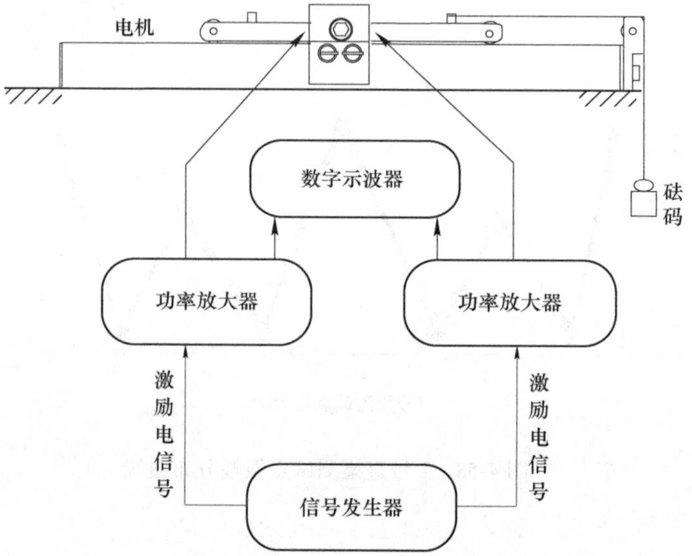

图 4-60　原理样机性能测试线路连接示意图

通常，直线超声电机是在振子工作模态谐振频率附近工作的。但是，样机装配后，振子受边界条件变化的影响，谐振频率发生变化。因此，有必要对样机的工作频率在谐振频率附近进行扫描。试验测得：样机的工作频率在 30.70 kHz 附近时动子正反向灵活运动。图 4-61 所示为振子在小预紧力、驱动单侧滑块时激励电压与速度关系曲线。可知，速度随激励电压升高而增加，当电压峰值为 240 V 时，单侧动子滑块最大速度为 232 mm/s。当激励电压峰值为 120 V 时，单侧滑块获得正反方向相同的速度。

在动子滑块销钉上吊砝码加负载测试，图 4-62 所示为预紧力为 1.28 N 时激励电压和负载关系曲线。负载随着电压的增加而增加，当电压峰值为 300 V 时，单侧动子滑块单向最大输出力为 0.47 N。

电机振子是依靠摩擦力驱动动子滑块运动的，预紧力越大动子所获得的摩擦力越大。但是，预紧力过大，不仅影响振子的工作模态，而且，影响振子切向驱动速度。图 4-63 所示为激励电压峰值为 250 V，负载为 20 g 时，预紧力与动子运动速度的关系曲线，可见随着所施加的预紧力的增加，动子滑块的运动速度先增加然后下降，而且变化趋势较为明显。因此，预紧力对电机的输出性能有重要的影响，在一定范围内，适度的预紧力可增加振子的驱动速度，若预紧力过大将影响振子驱动速度。

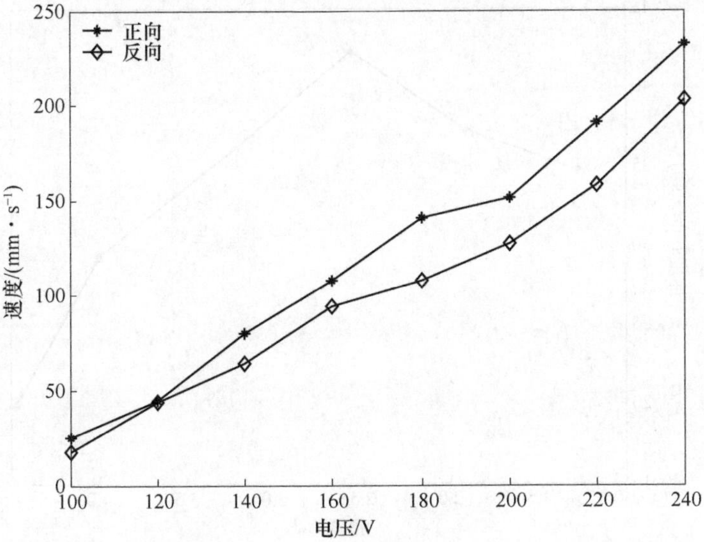

图 4-61 电压与速度关系曲线

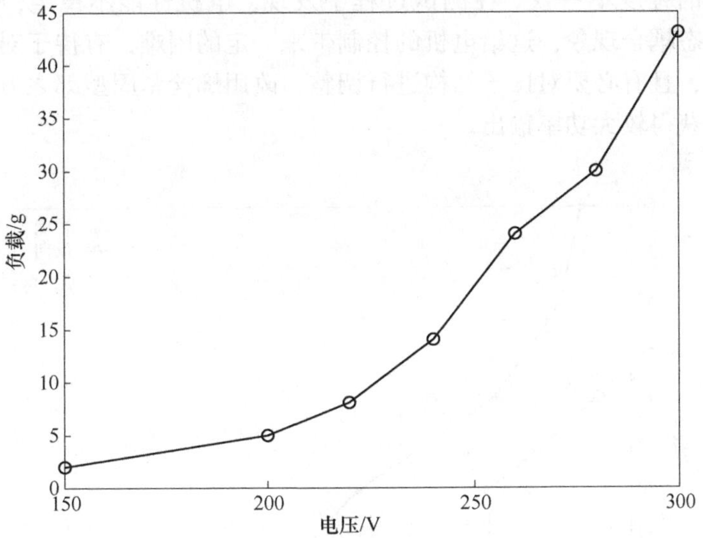

图 4-62 电压与负载关系曲线

如图 4-64 所示，在激励电压峰值为 250 V，预紧力约为 2.5 N 时，样机双侧动子滑块施加载荷时的速度与负载曲线。从图 4-64 中可知，随着负载的增加速度减小。正、反两方向曲线不吻合。这说明电机的正反两向输出性能存在差异。产生这种现象的原因是两侧驱动齿与动子滑块摩擦材料的接触状况不同以及两侧

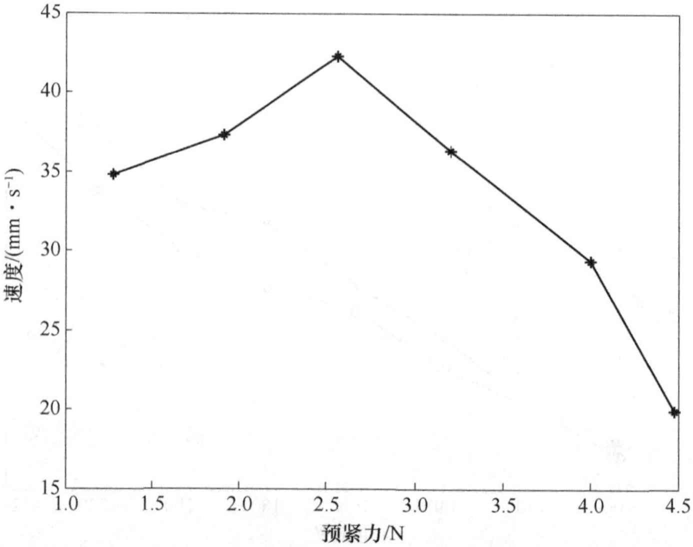

图 4-63　预紧力与速度关系曲线

预紧力调节的程度不一致。在测试过程中发现，电机性能不稳定，输出功率偏小，存在模态耦合现象，这给电机的控制带来一定的困难，有待于对振子做进一步优化改进，且有必要对振子结构进行调整，改用螺栓紧固型郎之万振子的结构形式，以期获得较大功率输出。

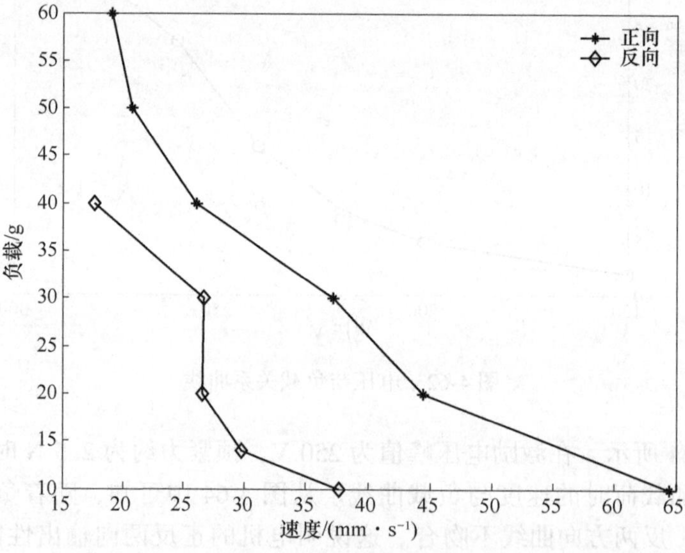

图 4-64　速度与负载关系曲线

本节对振子进行了模态测试，测得振子的谐振频率为 f_1 = 30650 Hz，f_2 = 30880 Hz，频率差为 230 Hz。与有限元计算结果存在一定的偏差，分析了产生偏差的原因。并对原理样机的输出性能进行了研究。分析了在小预紧力驱动单侧滑块情况下激励电压与速度关系；负载随激励电压的关系、预紧力与电机驱动速度的关系、速度与负载的关系。试验测得，当电压峰值为 300 V 时，单侧动子滑块单向最大输出力为 0.47 N；单侧动子滑块最大速度为 232 mm/s。

5 结　　论

本书在纵、弯复合模态直线超声电机的基础上，提出并试制了一种新型的直线超声电机。该电机利用 H 形压电振子两侧直梁的 1 阶交替伸缩振动模态和 3 阶对称弯曲振动模态叠加，在振子的四个驱动齿上产生椭圆运动或斜直线运动轨迹，驱动动子（滑块）做直线运动。通过改变两模态激励电信号相位差实现动子的正、反方向运动。利用 ANSYS 软件对振子进行了结构动态设计，使两模态频率差最小。从而，达到利用同一驱动电源驱动，简化驱动电路设计的目的。

本书的主要结论归纳如下。

(1) 提出了一种 H 形振子结构，并对 H 形弹性体的几种复合振动模态及其驱动方案进行了分析，选定了一种基于其两侧直梁的 1 阶交替伸缩和 3 阶对称弯曲复合振动模态作为样机的工作模态。

(2) 分析了振子工作模态的激励方式、压电陶瓷片的粘贴及极化方式。从理论上分析了振子驱动齿质点的椭圆或斜直线运动轨迹以及振子在一个周期内的驱动过程。

(3) 利用有限元分析软件 ANSYS 完成了振子与支撑结构的一体化设计。利用柔性铰链结构连接振子与固定支撑，分析表明：该结构对振子的工作模态的影响足够小。

(4) 对 H 形压电振子进行了结构优化设计。以振子的主要结构尺寸参数为设计变量，以纵、弯振动模态频率差最小为目标对振子进行了优化，确定了振子的各结构参数。通过有限元分析对振子结构优化可得，振子纵、弯振动模态固有频率分别为 33075 Hz 和 33083 Hz 频率差为 8 Hz。并分析了各主要结构参数对工作模态的影响。分析表明，中间横梁、纵横梁之间的柔性铰链尺寸参数对模态影响较为敏感。

(5) 对振子以及原理样机进行测试。试验测得振子纵、弯振动模态谐振频率分别为 30650 Hz 和 30880 Hz，频率差为 230 Hz。与理论值有一定偏差。样机在两个谐振频率之间的 30. 70 kHz 的频率驱动下，动子正、反向灵活运动。当电压峰值为 240 V 时，单侧动子滑块最大速度为 232 mm/s，当电压峰值为 300 V 时单侧最大驱动力为 0. 47 N。

由于研究时间等因素的制约，H 形直线超声电机还有待于在如下两方面进一步开展细致的研究工作：一是电机的实际功率偏低，需要对振子在结构方面做进一步的改进，如将振子设计成夹心式郎之万振子的结构，以期获得较大的功率输出从而满足实际工程的要求；二是振子两工作模态间存在模态耦合现象，这给电机的驱动与控制增加了难度，可以对振子做进一步模态优化，将模态耦合的不利干扰降到最低。

参 考 文 献

[1] 陈永校，郭吉丰．超声波电动机［M］．杭州：浙江大学出版社，1994.

[2] 赵淳生．超声电机技术与应用［M］．北京：科学出版社，2007.

[3] 上羽貞行，富川义郎．超声波马达理论与应用［M］．杨志刚，郑学伦，译．上海：上海科学技术出版社，1998.

[4] 胡敏强，金龙，顾菊平．超声波电机原理与设计［M］．北京：科学出版社，2005.

[5] 王宏祥，王红静，何勍．直线超声电机的研究进展［J］．机械工程师，2004（3）：3-6.

[6] 赵雅洁，杨明．基于 SCI-E 数据库的超声电动机研究［J］．微电机，2008，41（2）：60-64.

[7] 黄国庆，刘群亭，黄卫清，等．直线型超声电机的研究现状［J］．微特电机，2002（3）：24-30.

[8] Hermann M，Schinköthe W. Properties of a piezoelectric traveling wave motors generating direct linear motion［J］．Actuator 98，Bremen：1998：17-19.

[9] Ueha S，Tomikawa Y. Ultrasonic Motors Theory and Applications［M］．Oxford：Oxford University Press，1993.

[10] Kuribayashi Kurosawa M，Kodaira O，Tsuchitoi Y，et al. Transducer for high speed and large thrust ultrasonic linear motor using two sandwich-type vibrators［J］．IEEE Transactions on Ultrasonic Ferroeletrics and Frequency Control，1998，45（5）：1186-1195.

[11] Wakai T，Kurosawa M K，Higuchi T. Transducer for an ultrasonic linear motor with flexible driving part［J］．IEEE Ultrasonic Symposium，1998（1）：683-686.

[12] Lim C K，He S，Chen I M，et al. Piezo-on-slider type linear ultrasonic motor for the application of positioning stages［C］//Advanced Intelligent Mechatronics，1999. Proceedings. 1999 IEEE/ASME International Conference on. IEEE，1999：103-108.

[13] Yongrae R，Jaehwa K. Development of a new Standing wave type ultrasonic linear motor［J］．Sensors and Actuators，2004（112）：196-202.

[14] Bauer M G，Dow T A. Design of a Linear High Precision Ultrasonic Piezoelectric Motor［D］．North California State University，2001.

[15] Hesmel T，Wallaschek J，Pdf P. A piezoelectric linear vibration drive for high driving forces［J］．Journal of Vibroengineering，1999.

[16] Hemsel T，Wallaschek J. Survey of the present state of the art of piezoelectric linear motors［J］．Ultrasonics，2000（38）：37-40.

[17] Goka S，Hashimoto S，Ohishi K，et al. Variable forgetting factor-based friction compensation method of precision stages［J］．IEEE，2006.

[18] Vyshnevsky O，Kovalev S，Wischnewskiy W. A novel，single-mode piezoceramic plate actuator for ultrasonic linear motors［J］．IEEE Transactions on Ultrasonics Ferroelectrics & Frequency Control，2005，52（11）：2047-2053.

[19] Paik D S，Yoo K H，Kang C Y，et al. Multilayer piezoelectric linear ultrasonic motor for camera module［J］．Journal of Electroceramics，2009，22（1）：346-351.

[20] 辜成林，董干．双π型压电超声波直线电机．中国电机工程学报［J］．1998，2（18）：96-99.

[21] 石胜君，陈维山，刘军考，等．一种基于纵弯夹心式换能器的直线超声电机［J］．中国电机工程学报，2007，27（18）：30-34.

[22] 许海，赵淳生．一种新型直线超声电动机的设计［J］．微电机，2007，6（40）：25-27.

[23] 黄卫清，黄国庆，赵淳生．一种新型多定子直线超声电机的研究［J］．压电与声光，2004，6（26）：451-453.

[24] 胡金云，鹿存跃，陈宇，等．双振子型直线超声电机［J］．清华大学学报（自然科学版），2008，8（48）：1236-1239.

[25] 李朝东，姚华，裴仁清，等．仿生步进小型直线超声电机［J］．微电机，2001（8）：10-11.

[26] 陈波，袁义坤，赵增辉，等．微型直线超声电动机发展与研究现状［J］．微电机，2007，7（40）：90-93.

[27] 赵向东．旋转型行波超声电机动力学模型及性能仿真的研究［D］．南京：南京航空航天大学，2000.

[28] 李宝库，郭吉丰，胡敏强，等．超声波电动机技术创新点的设定［J］．微特电机，2005（2）：33-34.

[29] 芦丹，苏娜，朱春玲，等．超声电机振动环境实验研究［J］．中国电机工程学报，2008，18（28）：79-81.

[30] 李惠彬．振动理论与工程应用［M］．北京：理工大学出版社，2006.

[31] 季文美，方同，陈松淇．机械振动［M］．北京：科学出版社，1985.

[32] Tenzer P E，Mrad R B. On amplification in inchworm precision positioners［C］//Elsevier Ltd. Elsevier Ltd.，2004：515-531.

[33] 刘鹏．压电步进式直线精密驱动器的结构研究［D］．吉林：吉林工业大学，2007.

[34] 吴鹰飞，周兆英．柔性铰链的应用［J］．中国机械工程，2002，18（13）：1615-1619.

[35] 张定会．采用柔性铰链实现微位移的方法研究［J］．工业仪表及自动化装置，1999（5）：11-13.

[36] 张福学，王丽坤．现代压电学（上）［M］．北京：科学出版社，2002，6.

[37] 赵向东．旋转行波超声电机动力学模型及性能仿真研究［D］．南京：南京航空航天大学，2000.

[38] 电子陶瓷情报网．压电陶瓷应用［M］．济南：山东大学出版社，1985.

[39] 张云电．夹心式压电换能器及其应用［M］．北京：科学出版社，2006，12.

[40] 雍安姣，张大卫．超声波直线电机的运行机理［J］．机械与电子，2005（2）：25-27.

[41] 刘仁鑫．矩形复合层板面内弯曲模态直线超声电机研究［D］．广州：华南农业大学，2005.

[42] 莫岳平，胡敏强，石斌，等．材料对超声电动机性能的影响及其选择［J］．微电机，2002，1（35）：41-44.

[43] 吴鹰飞，周兆英．柔性铰链的设计计算［J］．工程力学，2002，6（19）：136-140.

[44] 吴鹰飞，周兆英．柔性铰链的应用［J］．中国机械工程，2002，18（13）：1615-1618.

[45] Paros J M, Weisboro L. How to design flexural hinges [J]. Machine Design, 1965, 37 (27): 151-157.
[46] 王纪武. 典型柔性铰链精度性能的研究 [J]. 清华大学学报, 2001, 41 (11): 15-18.
[47] 刘鹏. 压电步进式直线精密驱动驱动器的结构研究 [D]. 哈尔滨: 哈尔滨工业大学, 2007.
[48] 王国强. 实用工程数值模拟技术及其在 ANSYS 上的实践 [M]. 西安: 西北工业大学出版社, 2004.
[49] 周长城, 胡仁喜, 熊文波. ANSYS11.0 基础与典型范例 [M]. 北京: 电子工业出版社, 2007.
[50] 朱彤. 探讨 ANSYS 中的数据转换与模型修正 [J]. 苏州职业大学学报, 2003, 3 (14): 47-48.
[51] 施军丽. 超声波电机摩擦驱动模型和摩擦材料研究 [D]. 成都: 西南交通大学, 2004.
[52] 李宝库. 新型摩擦材料的研制 [J]. 粘接, 2001, 22 (3): 7-8.
[53] 曲建俊, 李显凌. 超声马达摩擦材料及其寿命预测研究进展 [C] //全国第三届超声波电机理论和应用技术研讨会论文集, 杭州: 2005, 5: 10-17.
[54] 姜国栋, 曲建俊, 敖宏瑞, 等. 聚四氟已烯基复合材料摩擦磨损机理的研究 [J]. 佳木斯大学学报, 2000, 1 (18): 25-27.
[55] 曲建俊. 超声马达摩擦驱动机理及摩擦材料研究 [D]. 哈尔滨: 哈尔滨工业大学, 1998.
[56] Shi S J, Chen W S, Liu J K, et al. A high power ultrasonic linear motor using push-pull longitudinal and bending multimode transducer [J]. Proceedings of the Csee, 2010, 30 (9): 55-61.